PHYSIK
IN 30 SEKUNDEN

PHYSIK
IN 30 SEKUNDEN

Die 50 wichtigsten Erkenntnisse und Thesen
aus der Geschichte der Physik

Herausgeber
Brian Clegg

Autoren
Philip Ball
Brian Clegg
Leon Clifford
Frank Close
Rhodri Evans
Andrew May

Illustrationen
Steve Rawlings

Librero

Titel der Originalausgabe:
»30-Second Physics«

© 2019 Librero IBP (für die deutsche Ausgabe)
Postbus 72, 5330 AB Kerkdriel, Niederlande

© 2016 The Ivy Press Limited

Herausgeber: Susan Kelly
Künstlerische Leitung: Michael Whitehead
Chefredakteur: Tom Kitch
Art Director: James Lawrence
Projektleiter: Jamie Pumfrey
Redakteur: Charles Phillips
Gestaltung: Ginny Zeal
Glossare: Brian Clegg

Aus dem Englischen von Markus Roduner
Lektorat und Satz: G & R Vilnius, Litauen
Gedruckt und gebunden in China

ISBN: 978-94-6359-275-8

INHALT

EINFÜHRUNG

Brian Clegg

Physik gilt als Wissenschaft, die im Detail beschreibt, wie die Natur funktioniert. Ernest Rutherfords geistreiche Bemerkung, alle Wissenschaft sei entweder Physik oder Briefmarkensammeln, enthält mehr als nur einen Funken Wahrheit, denn seinerzeit befassten sich die anderen Naturwissenschaften vor allem mit dem Sammeln und Ordnen von Daten und suchten weniger nach Erklärungen. Heute gilt das in viel geringerem Maße, aber die Physik bleibt das Hauptgebiet für naturwissenschaftliche Entdeckungen.

Im Lateinischen wird »physica« noch in seiner ursprünglichen Bedeutung verwendet: die Lehre von der Physis, Natur. In dieser umfassenden Bedeutung verstand auch der griechische Philosoph Aristoteles die Physik. Im 18. Jahrhundert gliederte man chemische Elemente, Verbindungen und deren Reaktionen willkürlich aus und begann unter Physik nur die Wissenschaft von der toten Materie und der Energie zu verstehen. Nach dieser Abtrennung verblieben für die Physik Mechanik, Licht, Gravitation, die Natur der Materie, Astronomie und Kosmologie.

Heute reicht die physikalische Forschung von den kleinsten Bestandteilen der Natur wie den subatomaren Teilchen bis hin zu den Mechanismen, die für die Entstehung des Universums verantwortlich sind. Die Physiker verfolgen das Ziel, die Funktionsweise der physischen Welt im Detail zu erklären und initiieren damit meist auch große Entwicklungsschübe. So ist die auf der Quantenphysik basierende Technologie in den entwickelten Ländern für rund 35 Prozent des BIP verantwortlich, und Röntgen oder WLAN wären ohne die Erforschung des Lichts schlicht undenkbar.

Die Schule lässt oft gar keine Freude an der Physik aufkommen, denn vieles von ihren Grundlagen wie Mechanik und Optik ist nicht gerade interessant. Dabei hält sie für uns die erstaunlichsten Aspekte der Wissenschaft bereit. Ob Quantenmechanik oder Relativitätstheorie, die Physik macht Dinge wie schwarze Löcher, Zeitreisen und Teleportation real.

Unsere Reise durch die Welt der Physik beginnt mit der Materie und den Atomen in ihrem Kern. Neben den uns vertrauten Feststoffen, Flüssig-

keiten und Gasen erkunden wir auch Plasmen oder die geheimnisvolle Welt der Antimaterie. Ohne das Licht kämen wir aber nicht weit: Es ist deshalb unser zweites Thema. Die meisten von uns denken dabei nur an das sichtbare Licht, aber im weiteren Sinn ist mit Licht elektromagnetische Strahlung überhaupt gemeint, deren Spektrum Radio- und Mikrowellen, Infrarot, das sichtbare Licht sowie Ultraviolett-, Röntgen- und Gammastrahlung umfasst. Was wir sehen, ist also nur ein winziger Ausschnitt.

Mit dem Licht verbinden wir Farbe und die Wechselwirkungen des Lichts mit Materie wie Reflexion und Brechung. Heute wird elektromagnetische Strahlung oft als Ansammlung von Quantenteilchen oder Störung in einem Quantenfeld gesehen, was uns unweigerlich zum nächsten Thema, der Quantenmechanik, führt. Ihre Bestandteile wie der Welle-Teilchen-Dualismus, das Heisenberg'sche Unschärfeprinzip oder die Quantenverschränkung führen uns das merkwürdig wirkende Verhalten von Licht und Materie auf der Quantenebene vor Augen.

Der Elektromagnetismus ist sowohl für das Licht als auch für die meisten mechanischen Wechselwirkungen der Materie verantwortlich und wird im Kapitel über die Kräfte behandelt. Neben den vier fundamentalen Wechselwirkungen (Grundkräften) werfen wir auch einen Blick auf Umlaufbahnen und die Beschreibung der Wirkung von Kräften. Diese erzeugen Bewegung, die als Nächstes diskutiert wird. Wir begegnen den Newton'schen Gesetzen und Einsteins spezieller Relativitätstheorie, die sich beide in der Raumzeit vereinen.

Keine Bewegung ohne Energie, die wir im vorletzten Kapitel unter die Lupe nehmen. Sie ist das Herzstück von Lebewesen und Maschinen. Zu den Letzteren gehören die Dampfmaschinen, die uns zu unserem abschließenden Thema führen: der Thermodynamik. Ursprünglich zur Verbesserung der Dampftechnologie erarbeitet, geben uns die Gesetze der Thermodynamik auch Auskunft über das mögliche Schicksal des Universums.

Worin auch immer unser spezifisches Interesse besteht – die Physik hilft uns beim Verstehen der Welt, die uns umgibt.

Wer nach einem Beweis dafür sucht, dass Physiker Menschen sind, der muss sich nur einmal die idiotische Vielfalt der Maße ansehen, mit denen sie Energie messen.

RICHARD FEYNMAN

Soweit sich die Gesetze der Mathematik auf die Wirklichkeit beziehen, sind sie nicht sicher; soweit sie sicher sind, beziehen sie sich nicht auf die Wirklichkeit.

ALBERT EINSTEIN

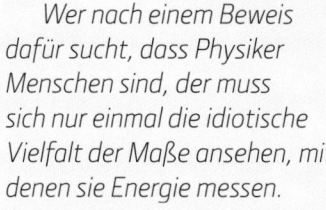

„Die gesamte Wissenschaft ist entweder Physik oder Briefmarkensammeln.

ERNEST RUTHERFORD

Wenn ich mir die Namen all dieser Teilchen merken könnte, wäre ich Botaniker geworden!

ENRICO FERMI

Zuvörderst dürfen wir es durchaus nicht als von vornherein selbstverständlich betrachten, dass eine physikalische Gesetzlichkeit überhaupt existiert, oder dass sie, wenn sie auch bisher existiert hat, auch in Zukunft stets in der gleichen Weise existieren wird.

MAX PLANCK

Die Zukunft der Chemie muss in der Physik liegen und dort liegt sie auch.

C. P. SNOW

Wasserstoff verstehen heißt, die ganze Physik verstehen.

VICTOR WEISSKOPF

Meine Absicht in diesem Buch ist nicht, die Eigenschaften des Lichtes durch Hypothesen zu erklären, sondern sie durch den Verstand und durch Experimente vorzuschlagen und zu beweisen.

ISAAC NEWTON

Weil Sie eines Tages darauf Steuern erheben können, Sir.

MICHAEL FARADAY

Angeblich zu Gladstone, als er sich nach dem praktischen Nutzen der Elektrizität erkundigte

Es ist falsch anzunehmen, es sei Aufgabe der Physik herauszufinden, wie die Natur ist. Physik betrifft das, was wir über die Natur sagen können.

NIELS BOHR

MATERIE ◖

MATERIE
GLOSSAR

Amorphes Material Feststoff, in dem Atome oder Moleküle nicht in einer sich wiederholenden kristallinen Struktur, sondern weniger strukturiert angeordnet sind. Das wohl bekannteste amorphe Material ist Glas, aber auch viele andere Materialien, von Kunststoffen bis hin zu einigen Metallen, kommen amorph vor.

Elektromagnetisches Feld Ein Modell für die Wirkungsweise von Elektrizität und Magnetismus. Das Feld kann als physikalische topografische Karte betrachtet werden. In der modernen Physik ist das Feld »gequantelt«, das heißt, es besteht aus einzelnen Teilen (Quanten). Eine Veränderung im elektromagnetischen Feld lässt sich als Photon darstellen.

Elektron Elementarteilchen mit negativer elektrischer Ladung. Elektronen besetzen unscharfe »Orbitale« im äußeren Bereich eines Atoms und springen von einem zum anderen, wenn sie ein Photon absorbieren oder abgeben. Elektronen tragen die Ladung des elektrischen Stroms.

Neutrino Ungeladenes Elementarteilchen mit sehr geringer Masse, das bei Kernreaktionen entsteht. Die Existenz des Neutrinos wurde 1930 vorhergesagt, um den Energieverlust während der Kernreaktion zu erklären, aber erst 1956 entdeckt, da seine Wechselwirkung mit der Materie sehr gering ist. Der Name bedeutet »kleiner Neutraler«.

Neutron Neutrales oder ungeladenes subatomares Teilchen, das im Atomkern am häufigsten anzutreffen ist und aus drei Elementarteilchen besteht: einem Up-Quark und zwei Down-Quarks. Atome desselben Elements mit unterschiedlicher Anzahl Neutronen im Kern bezeichnet man als Isotope. So weist beispielsweise Wasserstoff, das einfachste Atom, in der Regel ein Proton und keine Neutronen im Kern auf. Er kommt aber auch mit einem Proton und einem Neutron im Kern vor und wird dann als Deuterium bezeichnet.

Photon Masseloses Licht-Quantenteilchen. Licht kann als Welle, Teilchen oder Störung in einem elektromagnetischen Feld beschrieben werden. Alle Modelle dienen dem besseren Verständnis des Lichts. Die Auffassung von Licht als Teilchen ist nützlich für die Beschreibung der Wechselwirkung zwischen Licht und Materie und unerlässlich für das erstmals von Einstein beschriebene Phänomen, dass energetische Photonen Elektronen aus Metallen herausschlagen und dabei einen elektrischen Strom erzeugen. Die Energie eines Photons entspricht der Farbe des Lichts. Das Photon ist das Trägerteilchen der elektromagnetischen Kraft: Wenn zwei Objekte elektrisch oder magnetisch interagieren, übertragen die zwischen den Objekten wandernden Photonen die Kraft.

Proton Positiv geladenes Quantenteilchen, das im Atomkern am häufigsten vorkommt und aus drei Elementarteilchen besteht: zwei Up-Quarks und einem Down-Quark. Aus der Anzahl Protonen in einem Atom lässt sich auf sein Element schließen, denn sie ist gleich der »Ordnungszahl« des Elements. So besteht der Kern des einfachsten Atoms, des Wasserstoffs, nur aus einem Proton.

Quark Elementarteilchen, dessen Ladung entweder zwei Drittel derjenigen eines Protons oder ein Drittel derjenigen eines Elektrons beträgt. Es gibt Quarks in sechs »Flavours«: Up, Down, Charm, Strange, Top und Down. Protonen und Neutronen bestehen aus jeweils drei Quarks, Mesonen aus einem Quark-Antiquark-Paar.

Schwere Masse Eigenschaft der Materie, die sich darin äußert, dass Masse andere Materie anzieht. Je größer die Masse, desto größer die Kraft, mit der ein Körper einen anderen anzieht. In der Größe mit der trägen Masse identisch.

Träge Masse Eigenschaft der Materie, die sich darin äußert, dass sich der Bewegungszustand eines Körpers nur schwer verändern lässt. Je mehr träge Masse er aufweist, desto mehr Kraft wird benötigt, um ihn in Bewegung zu setzen oder zu verlangsamen, wenn er sich bewegt. Die träge Masse ist in ihrer Größe identisch mit der schweren Masse.

Zweites Newton'sches Gesetz Es besagt, dass eine Bewegungsänderung proportional zur bewegenden Kraft ist und nach der Richtung derjenigen geraden Linie geschieht, in der die Kraft wirkt. Seine Kurzform lautet: $F = ma$, wobei F die bewegende Kraft und m die Masse des Objekts ist, auf das die Kraft einwirkt. a bezeichnet die resultierende Beschleunigung – die Änderungsrate der Geschwindigkeit des Objekts.

ATOME

30 Sekunden Theorie

VERWANDTE THEMEN
MASSE
Seite 18

FESTSTOFFE
Seite 20

FLÜSSIGKEITEN
Seite 22

3-SEKUNDEN-BLITZ
Alles Materielle in unserer vertrauten Umgebung besteht aus Atomen, den grundlegenden Einheiten der chemischen Theorie.

3-MINUTEN-GLÜHEN
Aufgrund ihrer winzigen Größe zeigen Atome unter bestimmten Bedingungen quantenmechanisches Verhalten wie wellentypische Eigenschaften. Seit einigen Jahrzehnten sind Interferenzen von Atomwellen vielfach beobachtet worden – auch bei einzelnen Atomen. Welleninterferenzeffekte wurden aber auch bei Molekülen mit mehr als hundert Atomen beobachtet. Ob es eine grundsätzliche Größenbeschränkung für solche Phänomene gibt, wird zurzeit noch diskutiert.

Dass herkömmliche Materie stets aus Atomen besteht, vereinfacht die Erklärung ihrer Eigenschaften erheblich. Die Form von Kristallen, die Dehnbarkeit von Gummi und unzählige andere Merkmale von Materie lassen sich damit erklären, wie sich Atome zu Gruppen verbinden. Die verstörende Vielfalt, wie sich die unzähligen organischen (kohlenstoffbasierten) Substanzen, darunter Medikamente, Lösungsmittel oder auch die DNA, verhalten, geht stets auf die Verbindung weniger Arten von Atomen zu Molekülen mit unterschiedlichen Formen und physikalischen und chemischen Eigenschaften zurück. In der Tat lässt sich die gesamte physikalische Welt mithilfe von nur etwa 92 grundlegenden Bausteinen beschreiben, von denen nur wenige Dutzend besonders häufig vorkommen. Etwas Wichtiges ist hier anzumerken: Die Bezeichnung »Atom« ist eigentlich falsch, denn Atome sind nicht wirklich unteilbar (griechisch a-tomos bedeutet genau dies). Sie sind dennoch die Grundeinheiten der chemischen Theorie: Die Atome eines bestimmten Elements bestehen stets aus der gleichen Anzahl von Protonen im Kern und umlaufenden Elektronen (die Anzahl der Neutronen variiert zwischen den Isotopen desselben Elements). Über die chemischen Reaktionen mit anderen Elementen entscheidet in erster Linie die Anordnung der Elektronen. Dank der atomaren Granularität der Materie kann man alles, von der Härte des Diamanten bis zur Giftigkeit des Bleis, mithilfe eines theoretischen Rahmens verstehen: der Quantenmechanik.

3-SEKUNDEN-BIOGRAFIEN
DEMOKRIT
ca. 460–370 v. Chr.
Griechischer Philosoph, der vorschlug, dass die Materie aus Atomen besteht

JOHN DALTON
1766–1844
Englischer Chemiker, der die Grundlagen der modernen Atomtheorie formulierte

JEAN PERRIN
1870–1942
Französischer Physiker, der dazu beitrug, dass die Existenz der Atome als gesichert gilt

30-SEKUNDEN-TEXT
Philip Ball

Atome sind die Bausteine der Materie von Galaxien über Planeten bis hin zu mikroskopisch kleinen Dingen.

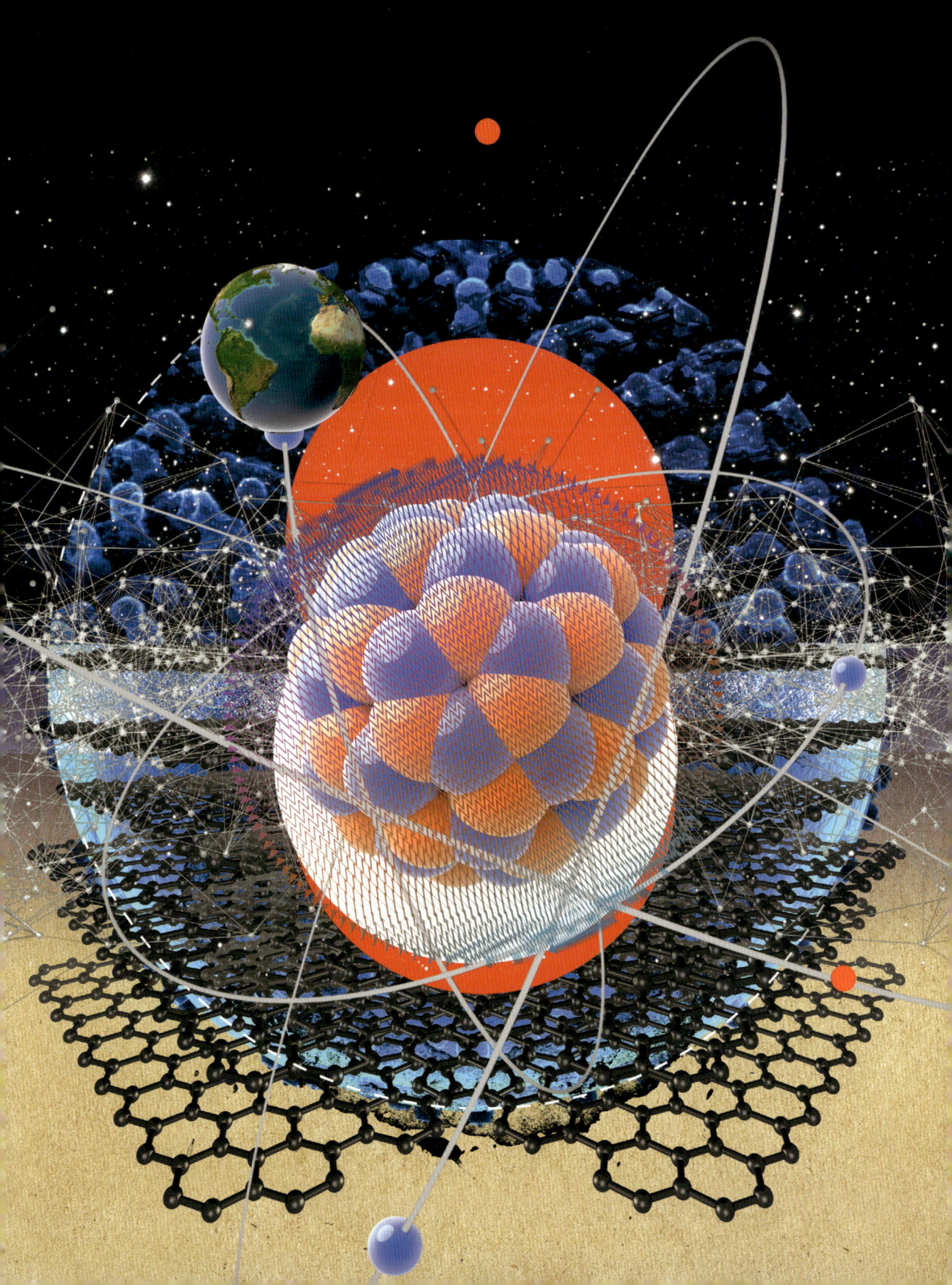

MASSE
30 Sekunden Theorie

3-SEKUNDEN-BLITZ
Die Masse in Kilogramm gibt an, welche Kraft für die Beschleunigung eines Objekts aufgewendet werden muss und wie groß die Schwerkraft zwischen diesem und einem anderen Objekt wie der Erde ist.

3-MINUTEN-GLÜHEN
Einstein legte in seiner speziellen Relativitätstheorie dar, dass ein Zusammenhang zwischen Masse und Energie besteht, den die wohl berühmteste Gleichung der Physik $E = mc^2$ (Energie ist gleich Masse mal Lichtgeschwindigkeit im Quadrat) beschreibt. Wir können uns also Masse als konzentrierte Energie vorstellen. In Kernkraftwerken und in der Sonne wird Masse in Energie umgewandelt. Wenn wir dagegen Öl oder andere Treibstoffe verbrennen, entsteht Energie durch Veränderungen der chemischen Verbindungen.

Im Keller eines Gebäudes in Sèvres bei Paris wird in einem klimatisierten Tresor ein Klumpen Metall aus einer Legierung mit neunzig Prozent Platin und zehn Prozent Iridium aufbewahrt. Dieser Metallklumpen hat eine Masse von exakt einem Kilogramm. Aber was ist Masse? Nach dem zweiten Newton'schen Gesetz bestimmt die Masse eines Körpers, wie viel Kraft zu seiner Beschleunigung erforderlich ist. Außerdem ist sie auch ein Maß für die Schwerkraft, die zwischen zwei Objekten in einem bestimmten Abstand wirkt. Die erste Definition bezieht sich auf die »träge«, die zweite auf die »schwere« Masse. Einstein bewies später mit seinem Äquivalenzprinzip, dass die beiden gleich sind. Dagegen sind Masse und Gewicht zwei verschiedene Paar Schuhe: Wenn jemand sagt, er wiege 76 Kilogramm, so bezieht er sich damit in Wirklichkeit auf seine Masse, nicht auf sein Gewicht. Letzteres würde sich ändern, wenn er sich beispielsweise auf dem Mond befände, während seine Masse unverändert bliebe. In einem schwerelosen Raum gilt: Die für die Beschleunigung eines massereicheren Objekts erforderliche Kraft ist größer als bei einem Objekt mit geringerer Masse. Die einzigen Teilchen, die nach heutigem Wissensstand keine Masse besitzen, sind einige Bosonen, darunter Photonen und Gluonen. Ein Neutrino hat eine sehr geringe Masse von knapp über null und ist damit das Teilchen mit der geringsten (positiven) Masse.

VERWANDTE THEMEN
GALILEO GALILEI
Seite 26

PHOTONEN
Seite 40

KRAFT & BESCHLEUNIGUNG
Seite 78

3-SEKUNDEN-BIOGRAFIEN
GALILEO GALILEI
1564–1642
Italienischer Naturphilosoph, der Experimente zur Bewegung und Beschleunigung von Körpern durchführte

ALBERT EINSTEIN
1879–1955
Physiker, dessen spezielle und allgemeine Relativitätstheorie das Verständnis von Masse revolutionierten

30-SEKUNDEN-TEXT
Rhodri Evans

Unsere Masse ist auf der Erde und auf dem Mond dieselbe, nicht aber unser Gewicht.

FESTSTOFFE

30 Sekunden Theorie

Feststoffe sind für gewöhnlich der
dichteste Zustand herkömmlicher Materie, die aus
dicht beieinanderliegenden, chemisch gebundenen
Atomen besteht. Ihre gemeinsamen Eigenschaften
lassen sich nur negativ definieren: Im Gegensatz zu
Flüssigkeiten zeigen sie keine Tendenz zu fließen, und
anders als Gase dehnen sie sich nicht aus und füllen
nicht wie diese stets den verfügbaren Raum aus. Feststoffe sind oft sehr robust und leisten Kräften Widerstand, die sie verformen wollen: Zu den typischen
Beispielen gehören Stein, Metall und Keramik. Sie
können eine Vielzahl weiterer Eigenschaften aufweisen. Bei Kristallen zum Beispiel sind die Atome
in einem sich wiederholenden Muster angeordnet,
während bei amorphen Feststoffen wie Gläsern
keine Ordnung besteht. Einige Feststoffe sind weich
und elastisch, da ihre molekularen Bestandteile nur
schwach gebunden sind und bei ihrer Verschiebung
Energie speichern. Andere sind starr und neigen nicht
selten zu Sprödbruch. Einige Feststoffe enthalten
bewegliche Elektronen und leiten Strom, andere iso-
lieren, weil sämtliche Elektronen an Atome gebunden
sind. Es gibt keine strenge Definition eines Feststoffs.
Zum Beispiel behalten einige Gele ihre Form, obwohl
sie meist flüssig in einem Netzwerk von Polymer-
strängen eingeschlossen sind. Aerogele können zu
99 Prozent aus Leerraum bestehen, sodass mancher
Silicat-Aerogel im Vakuum eine geringere Dichte
aufweist als die Umgebung. Einige Stoffe, darunter
Bitumen, die sich wie Feststoffe einer Verformung
widersetzen, sind zähflüssig.

3-SEKUNDEN-BLITZ
Feststoffe sind in der
Regel kompakt und lassen
sich durch Stauchen oder
Ziehen nicht verformen.

3-MINUTEN-GLÜHEN
Möglicherweise sind in
Neutronensternen die
dichtesten Festkörper
zu finden. Ihre äußere
Kruste könnte aus einem
superdichten Atomkern-
Kristallgitter bestehen,
womöglich aus Eisen, das
in einem Meer von Elek-
tronen schwimmt. Einige
Atomkerne existieren auch
in der inneren Kruste voller
Neutronen, die sich aus
zerkleinerten Protonen und
Elektronen gebildet haben.
Eine Probe von der Größe
einer Streichholzschachtel
würde etwa fünf Milliarden
Tonnen wiegen. Im Kern
überdauern keine Atom-
kerne: Was auch immer er
enthält, der Begriff des
Feststoffes versagt bei
solchen Dichten.

VERWANDTE THEMEN
ATOME
Seite 16

FLÜSSIGKEITEN
Seite 22

GASE
Seite 24

3-SEKUNDEN-BIOGRAFIEN
NEVILL FRANCIS MOTT
1905–1996
Englischer Physiker, der die elektrischen Eigenschaften von Feststoffen untersuchte

FREDERICK CHARLES FRANK
1911–1998
Englischer Physiker, der die
Theorie der Kristallstrukturen erweiterte

NEIL ASHCROFT
geb. 1938
Englischer Physiker, spezialisiert
auf die Struktur von Feststoffen
bei hohen Drücken

30-SEKUNDEN-TEXT
Philip Ball

*Da bei Feststoffen die
Atome starr gebunden
sind, kann man sie nur
schwer verformen, und
sie fließen nicht.*

FLÜSSIGKEITEN

30 Sekunden Theorie

3-SEKUNDEN-BLITZ
Flüssigkeiten befinden sich in einem Zwischenzustand zwischen der idealen Ordnung von Feststoffen und der Unordnung von Gasen.

3-MINUTEN-GLÜHEN
Flüssiges Helium, das nur bei Temperaturen nahe dem absoluten Nullpunkt existiert, lässt merkwürdige quantenmechanische Effekte erkennen. So können die Heliumatome alle denselben Quantenzustand annehmen und sich wie ein einziges, riesiges kollektives Teilchen verhalten. Damit aber fließen sie ohne jeglichen viskosen Widerstand und können an den Seiten eines Behälters empor- und über dessen Rand hinauskriechen. Ein solches Verhalten wird als Suprafluidität bezeichnet.

Kühlt eine Ansammlung von Atomen ab, so verfestigt sie sich bei einer bestimmten Temperatur, erhitzt sie sich, so verdampft sie bei einer bestimmten Temperatur. Feststoffe und Gase halten wir für selbstverständlich, dagegen ist der dritte, flüssige Aggregatzustand ein merkwürdiges Zwischending: weder streng geordnet wie ein kristalliner Feststoff noch völlig ungeordnet wie ein Gas. Aufgrund der Anziehungskräfte zwischen den Atomen bildet sich eine dichte Masse, aber die Teilchen bleiben beweglich – fluid und mit unorganisierten Strukturen. Über eine Entfernung von wenigen Molekulardurchmessern besteht noch eine gewisse Regelmäßigkeit, die in Flüssigkeiten wie Wasser, in denen schwache chemische Bindungen zwischen Molekülen mit einer bestimmten geometrischen Anordnung bestehen, ausgeprägter ist. Über größere Entfernungen geht jedoch jede Regelmäßigkeit verloren. Der flüssige Aggregatzustand stellt den Forscher, der ihn verstehen und beschreiben will, vor etliche Herausforderungen, sodass die Theorie dazu laufend weiterentwickelt wird. Eine besondere Schwierigkeit besteht darin, dass die molekularen Bewegungen nicht voneinander unabhängig sind wie bei Gasen, sondern von denjenigen nahe gelegener Moleküle abhängen. Dies ist für die Erklärung von Erscheinungen wie Viskosität oder Strömung essenziell. Flüssigkeiten haben vieles gemeinsam mit Glas, dessen Moleküle so langsam geworden sind, dass sie in der Unordnung gefangen und fast unbeweglich sind.

VERWANDTE THEMEN
ATOME
Seite 16

FESTSTOFFE
Seite 20

3-SEKUNDEN-BIOGRAFIEN
JOHANNES DIDERIK
VAN DER WAALS
1837–1923
Niederländischer Physiker, der die Theorie der Flüssigkeiten etablierte und ihr Verhältnis zu Gasen beschrieb

JOHN GAMBLE KIRKWOOD
1907–1959
Amerikanischer Physiker, der auf der Grundlage der molekularen Kräfte ein statistisches Modell von Flüssigkeiten ausarbeitete

PIERRE-GILLES DE GENNES
1932–2007
Französischer Nobelpreisträger, forschte zur Ausbreitung von Flüssigkeiten auf nassen Oberflächen

30-SEKUNDEN-TEXT
Philip Ball

Zwischen Ordnung und Unordnung. Sie fließen, weil ihre Atome durch Anziehungskräfte miteinander verbunden und dennoch beweglich sind.

GASE

30 Sekunden Theorie

Zusammen mit den Flüssigkeiten

zählen Gase zu den Fluiden, aber da sich ihre Teilchen (Atome oder Moleküle) viel schneller und mit größerer Energie bewegen, als es bei Flüssigkeiten der Fall ist, spielt bei Gasen die gegenseitige Anziehungskraft kaum eine Rolle für ihr Verhalten. Deshalb bilden Gase keine Oberfläche aus und dehnen sich aus, bis sie den ganzen verfügbaren Raum ausfüllen. Treffen die Gaspartikel auf ein Hindernis, üben sie beim Aufprall eine Kraft darauf aus: den Gasdruck. Wenn man den Gasbehälter verkleinert, können die Teilchen weniger weit fliegen und kollidieren häufiger mit den Wänden. Dabei bleibt das Produkt aus Druck und Volumen des Gases stets konstant. Wir kennen diese Wechselbeziehung als Boyle'sches Gesetz (Gesetz von Boyle-Mariotte). Auch ein Anheben der Temperatur erhöht den Druck, sodass sich die Partikel schneller bewegen. Dieser Zusammenhang wird im Gesetz von Amontons (auch zweites Gesetz von Gay-Lussac) in Formeln gefasst. Aus den beiden zuvor genannten Beobachtungen folgt, dass das Gasvolumen bei konstantem Druck mit der Temperatur steigt und fällt: (erstes) Gesetz von Gay-Lussac (auch Gesetz von Charles). Diese drei Gesetze werden zur allgemeinen Gasgleichung (thermische Zustandsgleichung idealer Gase) zusammengefasst: Die Druckzeiten des Volumens geteilt durch die Temperatur eines Gases bleiben konstant.

3-SEKUNDEN-BLITZ
Die Anziehungskraft der schnellen Gasatome und -moleküle ist gering. Sie füllen deshalb den Raum nach einfachen statistischen Gesetzen aus, die Temperatur, Druck und Volumen zusammenbringen.

3-MINUTEN-GLÜHEN
Ohne Statistik sind Gase nicht zu beschreiben, denn ein Gaskörper besteht aus zu vielen Atomen oder Molekülen, um die Bewegung einzelner davon zu erfassen. Messungen von Temperatur, Druck und anderer Werte sind statistischer Natur und kombinieren die Wirkung von Milliarden von Gasmolekülen. So bewegen sich die Luftmoleküle bei Raumtemperatur mit einer Geschwindigkeit von etwa 500 Metern pro Sekunde, aber weil ihre Masse so klein ist, beträgt die kinetische Energie des einzelnen Moleküls nur etwa 6×10^{-21} Joules – vernachlässigbar.

VERWANDTE THEMEN
ATOME
Seite 16

FLÜSSIGKEITEN
Seite 22

3-SEKUNDEN-BIOGRAFIEN
ROBERT BOYLE
1627–1691
Anglo-irischer Naturphilosoph

JACQUES ALEXANDRE CÉSAR CHARLES
1746–1823
Französischer Wissenschaftler, nach dem ein Gesetz zu Gastemperatur und Volumen benannt ist

JOSEPH LOUIS GAY-LUSSAC
1778–1850
Französischer Chemiker und Physiker, bekannt für seine ausgedehnten Forschungen zu Gasen

---

30-SEKUNDEN-TEXT
Brian Clegg

Aufgrund der Geschwindigkeit ihrer Bewegung überwinden Gasatome und -moleküle die Anziehungskraft, und Gase dehnen sich aus.

15. Februar 1564
Geburt in Pisa

1581
Medizinstudium an der Universität Pisa

1583
Wechsel zur Mathematik

1585
Abgang von der Universität ohne Abschluss

1589
Professor für Geometrie an der Universität Pisa

1592
Berufung zum Professor an der Universität Padua

1591–1604
Durchführung wichtiger Forschungen zur Mechanik, zu fallenden Körpern und zur Beschleunigung.

1609
Bau eines eigenen Fernrohrs

1610
Beobachtung des Mondes, Entdeckung der vier großen Jupitermonde und der Venusphasen

1610
Weggang von der Universität Padua

1610
Veröffentlichung seiner frühen Entdeckungen mit dem Teleskop in *Nachrichten von neuen Sternen*

1616
Formelle Verwarnung durch die katholische Kirche wegen Verbreitung des heliozentrischen Weltbilds

1623
Der Prüfer mit der Goldwaage

1632
Dialog über die beiden hauptsächlichen Weltsysteme

1633
Verurteilung zu einer Freiheitsstrafe wegen Verstoßes gegen die Bestimmungen der Verwarnung von 1616, umgewandelt in Hausarrest

1638
Unterredung und mathematische Demonstration über zwei neue Wissenszweige die Mechanik und die Fallgesetze betreffend

8. Januar 1642
Tod in Florenz

GALILEO GALILEI

Wenn man Newton als Vater

der Physik betrachten will, so ist Galileo Galilei
ihr Großvater. Er wurde 1564 als Sohn des Laute-
nisten und Musiktheoretikers Vincenzo geboren, der wichtige Arbeiten zum Verhältnis von
Spannung, Masse und Querschnitt einer Saite
einerseits und dem gehörten Ton andererseits
veröffentlicht hatte. Da Galileis Onkel Arzt war,
sah sein Vater für ihn eine entsprechende Lauf-
bahn vor, doch nach zwei Jahren Medizinstudium
überzeugte Galileo ihn davon, zur Mathematik
wechseln zu dürfen. Nach vier Jahren Studium
verließ er die Universität von Pisa ohne Abschluss. Das war für Italiener aus der sozialen
Schicht der verarmten Patrizierfamilien nicht un-
gewöhnlich. Anschließend unterrichtete er vier
Jahre lang Mathematik und ergänzte sein Wissen
mit dem Studium der Literatur, darunter Dantes
Inferno. 1589 wurde er als Professor nach Pisa
berufen, wo er zuvor studiert hatte.

Diese Position konnte er nur drei Jahre
halten. Das lag zum Teil an Galileis immer lauter
werdendem Widerstand gegen die aristote-
lische Philosophie. Er gehörte zur neuen Gattung
von Wissenschaftlern, die die Lehren des
griechischen Philosophen infrage stellten und die
Meinung vertraten, dass man die wahre Natur
der Welt nur mit Experimenten aufdecken könne.
Einflussreiche Freunde verhalfen ihm jedoch 1592
zu einer Professur an der renommierten Universität Padua, wo er bis 1610 lehrte. Während
seiner achtzehn Jahre in Padua führte er wichtige
Forschungen zur Bewegung von Körpern durch
und legte damit den Grundstein für die drei
Newton'schen Gesetze.

Als er 1609 von der Erfindung des Fernrohrs
hörte, beschloss er, anhand der Beschreibung
sein eigenes zu bauen, und führte damit eine
Wende in seinem Leben herbei. Am Ende dieses
und im Laufe des folgenden Jahres machte er Beobachtungen, die nur den Schluss zuließen, dass
die Sonne und die Planeten nicht alle die Erde
umkreisen konnten. Er wurde zum lautstarken
Anhänger von Kopernikus' heliozentrischem
Weltbild. Nun stand er in scharfem Gegensatz
zur Lehre der katholischen Kirche, die ihm 1616
ausdrücklich verbot, die»kopernikanische Astronomie« weiterhin zu unterstützen und zu verbreiten. Da er in dieser Frage nicht neutral bleiben
konnte, diskutierte er sie 1632 in seinem *Dialog
über die beiden hauptsächlichen Weltsysteme*.
Die Kirche entschied jedoch, er habe die beiden
Modelle nicht ausgewogen behandelt. 1633 ver-
urteilte sie Galilei, da er gegen die Bestimmungen
seiner Verwarnung von 1616 verstoßen habe,
wegen Ketzerei zu einer Freiheitsstrafe, die in
lebenslangen Hausarrest umgewandelt wurde. In
seinem 1638 erschienenen Werk *Unterredung und
mathematische Demonstration über zwei neue
Wissenszweige die Mechanik und die Fallgesetze
betreffend* fasste er sein Lebenswerk zusammen,
und vier Jahre später, am 8. Januar 1642, ver-
schied er friedlich in Florenz.

Rhodri Evans

PLASMA

30 Sekunden Theorie

Wenn man ein Gas extrem erhitzt oder starken elektromagnetischen Feldern aussetzt, wechselt es in den vierten Aggregatzustand neben fest, flüssig und gasförmig. Es wird zum Plasma, aus dem zum Beispiel die Sonne besteht. Die Plasmabildung bricht chemische Bindungen zwischen den Atomen, und trennt Elektronen von ihren Atomen ab. Das positiv geladene Atom nach der Abtrennung von einem oder mehreren negativ geladenen Elektronen wird als Ion bezeichnet. Diese Ionisierung unterscheidet das Plasma vom Gas. Ein Gas ist nicht ionisiert und besteht aus frei beweglichen Atomen oder Molekülen, die nicht von ihren jeweiligen Elektronen getrennt sind, womit jedes für sich genommen elektrisch neutral ist. Das Plasma besteht aus elektrisch geladenen Ionen und freien Elektronen, ist als Ganzes aber meist elektrisch neutral. Wird ein Plasma einem elektromagnetischen Feld ausgesetzt, bewegen sich die positiv geladenen Ionen und negativ geladenen Elektronen in entgegengesetzte Richtungen und erzeugen so einen elektrischen Strom. Alle Plasmen leiten Strom, sodass im Plasmazustand jedes Material elektrisch leitfähig wird. Plasmen lassen sich folglich im Gegensatz zu Gasen ohne feste Wände durch Anlegen elektromagnetischer Felder eingrenzen und können innerhalb dieser Felder Form und Struktur besitzen, statt wie Gase zu diffundieren.

3-SEKUNDEN-BLITZ
Das Plasma gleicht als merkwürdigster der vier Aggregatzustände einer Suppe aus elektrisch geladenen Atomen (Ionen) und den dazugehörigen, freien Elektronen.

3-MINUTEN-GLÜHEN
Unsere vertraute Welt besteht zum größten Teil aus Feststoffen, Flüssigkeiten und Gasen, doch im Universum kommt normale Materie überwiegend als Plasma vor. So bestehen die Sterne aus Plasma, und auch die gewaltigen Räume zwischen den Galaxien enthalten ein fein verteiltes Plasma. Und nach dem Urknall, als die normale Materie und die Naturkräfte sich herauskondensiert hatten, bestand das gesamte Weltall 380 000 Jahre lang aus Plasma.

VERWANDTE THEMEN
FESTSTOFFE
Seite 20

FLÜSSIGKEITEN
Seite 22

GASE
Seite 24

3-SEKUNDEN-BIOGRAFIEN
IRVING LANGMUIR
1881–1957
Amerikanischer Chemiker, der den Begriff »Plasma« für ionisierte Gase prägte

HANNES ALFVÉN
1908–1995
Schwedischer Elektroingenieur, der das Plasma als elektrisch leitfähiges Fluid etablierte

JAMES VAN ALLEN
1914–2006
Amerikanischer Physiker, der entdeckte, dass die Erde von Plasma umgeben ist

30-SEKUNDEN-TEXT
Leon Clifford

Das Plasma ist allgegenwärtig: Die Sonne, die Sterne und sogar der Weltraum bestehen daraus.

ANTIMATERIE

30 Sekunden Theorie

VERWANDTE THEMEN
ATOME
Seite 16

QUANTEN
Seite 58

QUANTENELEKTRODYNAMIK
Seite 68

3-SEKUNDEN-BLITZ
Antimaterie, die für einige Eigenschaften entgegengesetzte Werte aufweist, sollte im Universum genauso verbreitet sein wie Materie. Ihre Seltenheit ist nicht vollständig erklärt.

3-MINUTEN-GLÜHEN
Warum gibt es im Universum, soweit wir es beobachten können, mehr Materie als Antimaterie? Möglicherweise sind deren Mengen insgesamt gleich groß, aber wir leben in einer von Materie dominierten Region des Weltraums, während andere Galaxien vor allem aus Antimaterie bestehen. Alternativ könnte eine grundlegende Asymmetrie zwischen den Eigenschaften von Teilchen und Antiteilchen vorliegen. Mit Experimenten am CERN werden die Eigenschaften von Antiwasserstoff untersucht, um Unterschiede zum Wasserstoff aufzudecken. Es wurden jedoch noch keine gefunden.

Zu jedem Teilchen gehört ein Antiteilchen mit derselben Masse, aber entgegengesetzten Werten bei der elektrischen Ladung und anderen Merkmalen. Das Antiteilchen des Elektrons ist das positiv geladene Positron, das des Protons das negativ geladene Antiproton. Selbst zum Neutron gehört ein Antiteilchen – unter anderem mit entgegengesetztem magnetischem Moment. Treffen Teilchen und Antiteilchen aufeinander, vernichten sie sich gegenseitig, wobei ihre Masse nach der Formel $E = mc^2$ in Energie umgewandelt wird. In der Teilchenphysik findet diese gegenseitige Eliminierung in Elektron-Positron- sowie Proton-Antiproton-Teilchenbeschleunigern statt. Außerdem kommt sie in der Medizin in PET-Scannern (Positronen-Emissions-Tomografie) zum Einsatz. Umgekehrt kann sich Energie auch zu gleichen Teilen in Materie und Antimaterie materialisieren, wie es vermutlich beim Urknall geschah. Die grundlegenden Gesetze der Physik rechtfertigen kein Überwiegen von Materie gegenüber Antimaterie, wie es im Universum vorzuliegen scheint. Dies bleibt bis auf Weiteres ein ungelöstes Geheimnis. Ein Positron und ein Antiproton bilden ein Antiwasserstoff-Atom, das als Einziges von den prinzipiell möglichen Anti-Kernen und Anti-Elementen bisher erzeugt wurde. Antimaterie kann nicht zur Lösung unserer Energieprobleme oder zum Bau von Bomben herangezogen werden, denn ihre Erzeugung verbraucht Unmengen Energie. Um auch nur ein Gramm Antimaterie herzustellen, bräuchten wir Milliarden Jahre.

3-SEKUNDEN-BIOGRAFIEN
PAUL DIRAC
1902–1984
Englischer Physiker, der die Existenz von Antimaterie vorhersagte

CARL ANDERSON
1905–1991
Amerikanischer Physiker, der 1932 das Positron in der kosmischen Strahlung entdeckte

30-SEKUNDEN-TEXT
Frank Close

Nach der Theorie produzierte der Urknall die gleichen Mengen an Materie und Antimaterie. Warum also haben Physiker sie nicht in gleichem Umfang aufgespürt?

LICHT

Angeregtes Atom Atom, bei dem sich ein oder mehrere Elektronen nicht im Grundzustand befinden.

Doppelbrechung Für die meisten lichtdurchlässigen Materialien gibt ein einfacher »Brechungsindex« an, wie stark das Licht abgelenkt wird, wenn es aus der Luft eintritt (und später wieder austritt). Bei doppelbrechenden Materialien hängt dagegen der Brechungsindex von der Polarisierung des Lichts ab. So teilt sich unpolarisiertes Licht in zwei Teile, und es werden zwei Bilder des Objekts erzeugt, das man durch dieses Material betrachtet. Ein Musterbeispiel hierfür ist der Doppelspat.

Doppelspat Lichtdurchlässiger Doppelspat (Calcit, Calciumcarbonat) ist doppelbrechend, das heißt, er bricht das Licht je nach Polarisation unterschiedlich und erzeugt so zwei Bilder von Objekten, die man durch ihn betrachtet.

Elektromagnetische Wellen Licht ist eine Wechselwirkung von Elektrizität und Magnetismus, die als eine Welle, Teilchen oder Störung in einem Feld beschrieben werden kann. Von diesen dreien war die Definition als Welle, die wiederum aus einer elektrischen und magnetischen Welle im rechten Winkel zueinander besteht, am frühesten ausgereift. Sie gilt für alle Arten elektromagnetischer Wellen, von sichtbarem Licht über Radiowellen bis Gammastrahlung. Der Unterschied besteht allein in der Länge (oder Frequenz) der Welle.

Gammastrahlung Hochenergetische elektromagnetische Strahlung. Sie entsteht bei Kernreaktionen und hat eine Wellenlänge von weniger als zehn Pikometern (ein hundertstel Nanometer).

Hintergrundstrahlung Man nimmt an, dass das Universum erst etwa 300 000 Jahre nach seiner Entstehung lichtdurchlässig wurde. Das Licht, das sich damals im Universum auszubreiten begann, kann noch heute gemessen werden. Das Spektrum der zu Beginn hochenergetischen Gammastrahlung verschob sich mit zunehmender Ausdehnung des Universums in den Mikrowellenbereich. Diese Strahlung ist am Himmel in allen Richtungen feststellbar und wird als kosmische Mikrowellenhintergrundstrahlung bezeichnet.

Photoelektrischer Effekt bestimmte Materialien erzeugen einen elektrischen Strom, wenn Licht darauf fällt: Die Photonen des Lichts fügen Elektronen Energie hinzu, sodass sie sich von den Atomen im Material lösen, sich frei bewegen und einen Strom leiten können. Um den photoelektrischen Effekt zu erklären, der von der Lichtfrequenz, aber nicht von seiner Intensität abhängt, schlug Einstein vor, dass Licht aus Photonen besteht und keine kontinuierliche Welle ist. Für diese Theorie erhielt er später den Nobelpreis für Physik.

Polarisiertes Licht Das Wellenmodell beschreibt Licht als Welle, wobei ein elektrisches Feld senkrecht zu einem magnetischen steht. Die Richtung der elektrischen Komponente der Welle bezeichnet man als Polarisation. Bei der Reflexion und anderen Prozessen wird Licht erzeugt, das in eine bestimmte Richtung polarisiert ist. Doppelbrechende Materialien beugen Licht je nach Polarisation unterschiedlich, während polarisierende Materialien wie Polaroid-Filter nur in eine Richtung polarisiertes Licht durchlassen.

Rotverschiebung Bewegt sich eine Lichtquelle auf den Betrachter zu oder von ihm weg, so wirkt sich das auf die Wellenlänge des Lichts aus (oder seine Energie, falls man sich auf die Photonen bezieht). Die Bewegung hin zum Betrachter erhöht die Energie und verschiebt die Farbe des Lichts im elektromagnetischen Spektrum auf eine kürzere Wellenlänge (Blauverschiebung), während die Bewegung vom Betrachter weg entsprechend die Energie reduziert und die Farbe im elektromagnetischen Spektrum auf eine längere Wellenlänge verschiebt (Rotverschiebung).

Schrödingergleichung Vom Quantenpionier Erwin Schrödinger stammt eine Gleichung, die den zeitlichen Verlauf eines Quantensystems beschreibt. Anstatt einen absoluten Wert zu liefern, wie die aus den Newton'schen Gesetzen abgeleiteten Gleichungen, gibt Schrödingers Wellengleichung (genauer gesagt das Quadrat ihres Ergebnisses) die Wahrscheinlichkeit wider, ein Quantenteilchen im Laufe der Zeit an einem bestimmten Ort zu finden.

Visueller Cortex Bereich der Großhirnrinde, der visuelle Informationen aus den Sehnerven verarbeitet. Auch Sehrinde genannt.

Vakuum Raum, der keine Materie enthält. Eine Annäherung an ein Vakuum kann durch Abpumpen der Luft aus einem Behälter erreicht werden. Auch im Weltraum herrscht nahezu ein Vakuum.

Wellenlänge Die Entfernung, die eine Welle zwischen zwei gleichen Punkten in ihrem Zyklus zurücklegt. Die Wellenlänge ist umgekehrt proportional zur Frequenz. Für Licht und andere elektromagnetische Wellen gilt: Je kürzer die Wellenlänge, desto größer die Energie des Photons.

DAS ELEKTRO-MAGNETISCHE SPEKTRUM

30 Sekunden Theorie

Das sichtbare Licht kann man als

Welle aus miteinander interagierenden elektrischen und magnetischen Feldern betrachten, die durch den Raum wandert. Die verschiedenen Farben des Lichts repräsentieren aber nur einen kleinen Ausschnitt des elektromagnetischen Spektrums, das von den längsten Radiowellen bis hin zu den kürzesten Gammastrahlen reicht. Auf einer Klaviertastatur, die das gesamte elektromagnetische Spektrum darstellt, würde das sichtbare Licht nicht einmal eine ganze Taste ausfüllen. Dass Licht nur eine Form von elektromagnetischer Strahlung ist, nämlich der Teil, für den unsere Augen empfindlich sind, zeigte um die Mitte des 19. Jahrhunderts James Clerk Maxwell auf. Zuvor hatte im Jahre 1800 der Astronom William Herschel zufällig die später so benannte Infrarotstrahlung entdeckt, im Jahr darauf Johann Wilhelm Ritter ebenfalls durch Zufall die Ultraviolettstrahlung. Die Röntgen- und die Gammastrahlung wurden in den 1890er-Jahren entdeckt. Je kürzer ihre Wellenlänge, desto energiereicher ist die Strahlung: So sind die Gammastrahlen aufgrund ihrer äußerst kurzen Wellenlänge und damit hohen Energie sehr gefährlich. Die gesamte elektromagnetische Strahlung, selbst die langen Radiowellen, bewegt sich mit Lichtgeschwindigkeit.

3-SEKUNDEN-BLITZ
Das elektromagnetische Spektrum umfasst Wellen ganz unterschiedlicher Länge, von Radiowellen bis zur Gammastrahlung. Das sichtbare Licht macht nur einen winzigen Teil aus.

3-MINUTEN-GLÜHEN
Elektromagnetische Wellen werden durch ein wechselndes elektrisches Feld und ein Magnetfeld erzeugt, die im rechten Winkel zueinander stehen. Ein wechselndes elektrisches Feld erzeugt ein Magnetfeld, und ein wechselndes Magnetfeld erzeugt ein elektrisches Feld. So verbreiten sich elektromagnetische Wellen selbst durch den Raum und können von einem Rand des Universums zum anderen wandern. Die kosmische Mikrowellen-Hintergrundstrahlung zum Beispiel ist seit über 13 Milliarden Jahren unterwegs.

VERWANDTE THEMEN
LICHTGESCHWINDIGKEIT
Seite 52

ELEKTROMAGNETISMUS
Seite 80

3-SEKUNDEN-BIOGRAFIEN
WILHELM HERSCHEL
1738–1822
Aus Deutschland stammender britischer Musiker und Astronom, der 1800 die Infrarotstrahlung entdeckte

JAMES CLERK MAXWELL
1831–1879
Schottischer theoretischer Physiker, der aufzeigte, dass Licht eine elektromagnetische Welle ist

WILHELM RÖNTGEN
1845–1923
Deutscher Physiker, der 1895 die Röntgenstrahlung entdeckte

30-SEKUNDEN-TEXT
Rhodri Evans

Maxwell, Herschel und Röntgen (von oben) erzielten wichtige Durchbrüche auf dem Weg zu einem besseren Verständnis des elektromagnetischen Spektrums.

Gammastrahlung | Röntgenstrahlung | Ultra-violett | Infrarot | Radiowellen Radar TV UKW

400 nm

700 nm

FARBE

30 Sekunden Theorie

3-SEKUNDEN-BLITZ
Das sichtbare Licht, das unsere Augen erreicht, nehmen wir entsprechend seiner Wellenlänge farbig war.

3-MINUTEN-GLÜHEN
Das Lichtspektrum, das Objekte reflektieren, verändert sich mit der Beleuchtung und ist zum Beispiel mittags und in der Abenddämmerung unterschiedlich. Unser Sehsystem verfügt über Mittel, um diese Abweichungen zu korrigieren, sodass die wahrgenommene Farbe stets gleich bleibt und ein roter Apfel immer rot aussieht. Für dieses als Farbkonstanz bezeichnete Phänomen sind spezialisierte Nervenzellen im primären visuellen Kortex verantwortlich, die das Signal von wellenlängenempfindlichen Netzhautkegelzellen der Umgebung entsprechend neu einstellen.

Es gibt mehr als ein Dutzend Ursachen für Farbe – und das noch bevor man der Frage nachgeht, wie das Gehirn das Licht verarbeitet, das das Auge erreicht. Als Wahrnehmung ist Farbe mindestens ebenso sehr eine Frage der Psychologie und Physiologie wie der Physik. Der Ausgangspunkt ist aber stets physikalisch: das Licht. Trifft sichtbares Licht unterschiedlicher Intensität mit Wellenlängen von etwa 400 bis 700 Nanometern auf unsere Augen, interpretiert das Gehirn das Signal normalerweise als farbig. Welche Prozesse aber vermindern die Intensität bestimmter Wellenlängen des weißen Sonnenlichts und erzeugen die Farbwahrnehmung? Häufig ist die Absorption dafür verantwortlich. Substanzen absorbieren bestimmte Wellenlängen stärker als andere, weil die Photonen die richtige Energie aufweisen, um Elektronen von einem Energieniveau auf ein anderes zu befördern. Da Chlorophyllmoleküle rotes und blaues Licht absorbieren, lässt das reflektierte Licht das Gras grün erscheinen. Außerdem führt auch die Lichtstreuung zur Wahrnehmung von Farbe. Wie stark kleine Partikel und Moleküle Licht streuen, hängt von ihrer Größe und der Wellenlänge des Lichts ab. Luftmoleküle streuen blaues Licht am stärksten, sodass es für den Betrachter aus allen Richtungen kommt. Deshalb erscheint der Himmel blau. Die Interferenz von reflektierten Lichtwellen erzeugt das irisierende Blau und Grün von Schmetterlingsflügeln oder der Exoskelette von Insekten.

VERWANDTE THEMEN
DAS ELEKTROMAGNETISCHE SPEKTRUM
Seite 36

PHOTONEN
Seite 40

3-SEKUNDEN-BIOGRAFIEN
JOHANN WOLFGANG VON GOETHE
1749–1832
Deutscher Schriftsteller und Naturforscher, der sich gegen Newtons Theorie von Licht und Farbe wandte

THOMAS YOUNG
1773–1829
Englischer Physiker, der die Welleninterferenzen und die Grundlagen der Farbwahrnehmung erklärte

MICHEL EUGÈNE CHEVREUL
1786–1889
Französischer Chemiker, dessen Thesen zu Farben und Kontrast Maler beeinflussten

30-SEKUNDEN-TEXT
Philip Ball

Unsere Farbwahrnehmung gründet in der Reaktion von Auge und Gehirn auf unterschiedliche Lichtintensitäten.

PHOTONEN

30 Sekunden Theorie

Unter einem Photon kann man

sich ein »Paket« elektromagnetischer Strahlung vorstellen. Nach der Quantentheorie besteht das elektromagnetische Feld aus Photonen, und wenn zwei Teilchen ein oder mehrere Photonen austauschen, entsteht dabei eine elektromagnetische Wechselwirkung. Bis zum Ende des 19. Jahrhunderts fasste man das Licht als Welle auf. 1900 schlug der deutsche Physiker Max Planck vor, dass elektromagnetische Strahlung kein kontinuierlicher Strom ist, sondern gestückelt in einzelnen Paketen (Quanten), den sogenannten Photonen, auftritt. Die Energie dieser Photonen steigt und fällt proportional zur Frequenz der elektromagnetischen Strahlung. Somit sind die Photonen mit der höchsten Frequenz am energiereichsten. Die Proportionalitätskonstante h verknüpft die Energie der Photonen E in der einfachen Formel $E = h\nu$ mit ihrer Frequenz ν und wird als Planck'sches Wirkungsquantum oder Planck-Konstante bezeichnet. Albert Einstein zeigte auf, dass Plancks Hypothese, dass Licht aus Photonen besteht, ein rätselhaftes Merkmal des photoelektrischen Effekts erklärt: Wenn Licht auf eine Metalloberfläche trifft, so bestimmt die Helligkeit des Lichts die Anzahl der emittierten Elektronen, nicht aber deren Energie. Die Annahme, dass Licht aus Photonen besteht, erklärt dieses Verhalten, denn je heller das Licht, desto mehr Photonen treffen wie Projektile auf die Metalloberfläche und lassen Elektronen austreten.

3-SEKUNDEN-BLITZ
In der Quantentheorie des Lichts erscheinen elektromagnetische Wellen als Stakkato-Ausbruch masseloser Teilchen, die Photonen genannt werden.

3-MINUTEN-GLÜHEN
Die Existenz von Photonen scheint dem wellenartigen Verhalten des Lichts zu widersprechen: Zum Beispiel sind Beugung und Interferenz beim Doppelspaltexperiment, wo sich zwei Lichtstrahlen gegenseitig aufheben können, damit nicht vereinbar. Mit diesem klassischen Experiment wurde der Wellencharakter des Lichts nachgewiesen. Bei neueren Experimenten lässt man jedoch testweise einzelne Photonen passieren, und es entsteht noch immer ein Interferenzmuster. Eine Erklärung dafür liefert die Schrödingergleichung.

VERWANDTE THEMEN
QUANTEN
Seite 58

DER WELLE-TEILCHEN-DUALISMUS
Seite 60

DIE SCHRÖDINGERGLEICHUNG
Seite 62

QUANTENELEKTRODYNAMIK
Seite 68

3-SEKUNDEN-BIOGRAFIEN
MAX PLANCK
1858–1947
Deutscher Physiker, der vorschlug, dass Licht in einzelnen Quanten auftritt

ALBERT EINSTEIN
1879–1955
Physiker, der 1921 für die Identifizierung der Rolle des Photons beim photoelektrischen Effekt mit dem Nobelpreis ausgezeichnet wurde

30-SEKUNDEN-TEXT
Frank Close

Plancks Erkenntnis, dass elektromagnetische Strahlung in Form von Quanten und nicht als Welle auftritt, inspirierte Einstein.

REFLEXION
30 Sekunden Theorie

Beim Auftreffen auf eine Ober-

fläche wird Licht absorbiert, reflektiert oder (wenn das Material mehr oder weniger transparent ist) weitergeleitet. Die Reflexion ist eine Art Rückprall, fast wie bei einem Squashball, der gegen die Wand prallt. Werden bestimmte Wellenlängen des auftreffenden weißen Lichts absorbiert, verleiht der reflektierte Anteil des sichtbaren Lichts dem Objekt eine bestimmte Farbe. Der Winkel zwischen einem einfallenden Lichtstrahl und dem Lot auf die Oberfläche ist gleich dem Winkel, in dem er reflektiert wird: Fällt der Strahl einer Taschenlampe in einem Winkel von 45 Grad auf eine Oberfläche, so wird er im selben Winkel zurückgeworfen. Ist die Oberfläche wie bei einem Spiegel oder ruhigem Wasser ganz glatt, so erzeugt das reflektierte Licht ein spiegelverkehrtes Bild des einfallenden Lichts. Dies wird als gerichtete Reflexion bezeichnet. Bei einer rauen Oberfläche wie Mattglas prallen die Strahlen dagegen in alle Richtungen ab, und das Bild geht verloren. Dies nennt man diffuse Reflexion. Auch wenn die klassische Optik die Reflexion ganz gut beschreibt, benötigt man für eine umfassende Erklärung die Quanten-Theorie zu den Wechselwirkungen von Licht und Materie: die Quantenelektrodynamik (QED). Im Rahmen dieser Theorie wird Reflexion als Rückstrahlung von Licht aus angeregten Atomen an der Oberfläche verstanden, und der Reflexionswinkel ist die Richtung, in der sich die ausgestrahlten Wellen gegenseitig durch Interferenzen verstärken.

3-SEKUNDEN-BLITZ
Reflexion entsteht, wenn Licht von Oberflächen abprallt. Bei glatten Oberflächen ist sie gerichtet (Spiegelbild), bei rauen Oberflächen diffus.

3-MINUTEN-GLÜHEN
Warum sind bei einem Spiegelbild links und rechts vertauscht, nicht aber oben und unten? Was als simple Frage daherkommt, hat selbst in jüngster Zeit noch für heftige Diskussionen gesorgt. Die meist zitierte Antwort des Physikers Richard Feynman lautet, dass nicht etwa links und rechts umgekehrt sind, sondern vorne und hinten: Ihre Nase, die zuvor nach Norden zeigte, zeigt im Spiegel nach Süden.

VERWANDTE THEMEN
FARBE
Seite 38

BRECHUNG
Seite 44

3-SEKUNDEN-BIOGRAFIEN
ROGER BACON
ca. 1214–1292
Englischer Philosoph, der von »Gesetzen der Reflexion und Brechung« sprach

AUGUSTIN JEAN FRESNEL
1788–1827
Französischer Physiker, der als Erster Gleichungen über die Reflexion und Brechung des Lichts aufstellte

RICHARD FEYNMAN
1918–1988
Amerikanischer Physiker, der den Nobelpreis für QED erhielt, die Quantentheorie der Wechselwirkung von Licht und Materie

30-SEKUNDEN-TEXT
Philip Ball

In unseren Städten erhalten wir oft die Gelegenheit, über die Lichtreflexion an spiegelnden Oberflächen zu sinnieren.

BRECHUNG

30 Sekunden Theorie

3-SEKUNDEN-BLITZ
Als Brechung bezeichnet man die Ablenkung von Licht beim Übergang von einem Medium in ein anderes mit abweichendem Brechungsindex: z. B. von Luft zu Wasser oder Glas.

3-MINUTEN-GLÜHEN
Das Mineral Calcit und andere Stoffe haben unterschiedliche Brechungsindizes in verschiedenen Richtungen: Sie sind doppelbrechend. Lichtstrahlen, die sie passieren, nehmen bei unterschiedlicher Polarisation (Ausrichtung der elektromagnetischen Felder) einen jeweils anderen Weg und erzeugen so Doppelbilder. Diese Doppelbrechung kommt in Flüssigkristalldisplays zur Anwendung, in denen ausgerichtete Moleküle je nach ihrer Wirkung auf polarisiertes Licht heller oder dunkler erscheinen.

Entgegen der landläufigen Meinung ist die Lichtgeschwindigkeit nicht konstant. Licht wandert langsamer durch Glas oder Wasser als durch ein Vakuum (oder Luft). Deshalb ändert ein Strahl die Richtung, wenn er von einem Medium in ein anderes übergeht. Dieser Effekt wird Brechung genannt und ist verantwortlich für die Verzerrung im Erscheinungsbild von Objekten, die man ins Wasser eintaucht. Das Verhältnis der Lichtgeschwindigkeit im Vakuum zu derjenigen in einem anderen Medium nennt man Brechungsindex. Er ist für alle gängigen Substanzen größer als 1. So hat Wasser einen Brechungsindex von 1,33 und Glas einen von etwa 1,5. Je höher der Brechungsindex, desto mehr wird das Licht beim Ein- oder Austritt abgelenkt. Der Grund für die Beugung liegt darin, dass das Licht stets dem schnellsten Weg zwischen zwei Punkten folgt: Durch die Ablenkung beim Eintritt in ein langsameres Medium schlägt es einen schnelleren Weg zu einem bestimmten Punkt ein, als wenn es einer geraden Linie folgen würde. Der Brechungswinkel des Lichts steht im Verhältnis zu seiner Wellenlänge. Diese Art von Abhängigkeit bezeichnet man als Dispersion. Sie ist verantwortlich für die Bildung von Regenbögen, denn Licht unterschiedlicher Farbe wird durch Brechung in (und Reflexion von) Regentropfen getrennt. Die Brechung verbirgt sich auch hinter anderen »Licht-Tricks« wie Trugbildern, die durch die unterschiedlichen Brechungsindizes von kühler und warmer Luft erzeugt werden.

VERWANDTE THEMEN
REFLEXION
Seite 42

POLARISATION
Seite 48

DAS HAMILTON'SCHE PRINZIP
Seite 50

LICHTGESCHWINDIGKEIT
Seite 52

3-SEKUNDEN-BIOGRAFIEN
WILLEBRORD SNELLIUS (SNELL)
1580–1626
Niederländischer Astronom, der den Zusammenhang zwischen Brechungswinkel und relativer Lichtgeschwindigkeit in Übertragungsmedien herleitete

THOMAS YOUNG
1773–1829
Englischer Wissenschaftler, der den Begriff des Brechungsindex prägte

30-SEKUNDEN-TEXT
Philip Ball

Die Brechung von Lichtstrahlen im Wasser verursacht Regenbögen und verzerrte Ansichten von Unterwasserobjekten.

22. September 1791
Geburt in Newington Butts, Surrey, heute London

1805
Buchbinderlehre bei George Riebau

1813
Laborassistent an der *Royal Institution*

1821
Experiment zur elektromagnetischen Rotation (Homopolarmotor)

1824
Mitglied der Royal Society

1825
Direktor des Labors der *Royal Institution*

1827
Erste Weihnachtsvorlesung für Jugendliche an der *Royal Institution*

1831
Entdeckung der elektromagnetischen Induktion und Bau eines Elektrogenerators

1832
Zwei Gesetze der Elektrolyse

1833
Fuller-Professor für Chemie an der *Royal Institution*

1845
Entdeckung des Zusammenhangs von Magnetismus und Licht

1848
Umzug in ein Haus in Hampton Court Green, das Königin Victoria gehörte

25. August 1867
Stirbt in Hampton Court bei London

MICHAEL FARADAY

Michael Faraday wurde 1791 als
Sohn eines Schmiedes im heutigen Süd-London geboren. Nach einer rudimentären Schulbildung begann er mit vierzehn Jahren eine siebenjährige Ausbildung zum Buchbinder. Faraday nutzte jede Gelegenheit, die sich ihm bot, um die Bücher zu studieren – insbesondere Themen wie Elektrizität und Chemie hatten es ihm angetan. Später setzte er sein Selbststudium fort, indem er öffentliche Vorträge zu naturwissenschaftlichen Fragen besuchte, darunter diejenigen von Humphrey Davy an der *Royal Institution*. 1812, am Ende seiner Lehre, sandte Faraday in der Hoffnung auf eine Anstellung an der *Royal Institution* eine gebundene Kopie seiner Notizen an Davy. Zu diesem Zeitpunkt war zwar keine Stelle frei, aber als Davy einige Monate später einen Assistenten entlassen musste, erinnerte er sich an die Bewerbung des jungen Mannes. So wurde Faraday am 1. März 1813 zum Chemielaborassistenten an der *Royal Institution*.

Faraday erwies sich als ausgezeichneter experimenteller Forscher, und schon bald stellte er mit seinen Leistungen selbst Davy in den Schatten. Deshalb übernahm Faraday 1825 nach Davys Pensionierung die Leitung des Labors und wurde 1833 zum ersten Chemieprofessor der Royal Institution ernannt. Der Titel war jedoch eher unzutreffend, denn Faradays wichtigste Errungenschaften gehörten in den Bereich der Physik. Seine erste große Entdeckung machte er 1821 mit der von ihm so bezeichneten »elektromagnetischen Rotation« – in Wirklichkeit hatte er den Elektromotor erfunden. Den Höhepunkt seiner Forschungen bildeten die Jahre 1831 und 1832, in denen er die elektromagnetische Induktion entdeckte, einen einfachen elektrischen Generator baute und seine Elektrolysegesetze ausformulierte. Faradays Genie lag in seiner Fähigkeit, scheinbar unvereinbare Teilgebiete der Naturwissenschaften zusammenzubringen: Elektrizität und Magnetismus, Elektromagnetismus und Bewegung, Chemie und Elektrizität.

Faraday war nicht nur ein großer Wissenschaftler, sondern auch hervorragend in der Verbreitung seiner Erkenntnisse. Er setzte Davys erfolgreiche öffentliche Vorträge fort und erwarb sich dabei den Ruf, einer der unterhaltsamsten Vortragenden Londons zu sein. Zu seinen Bewunderern gehörten Charles Dickens und Mitglieder der königlichen Familie. In seinen späteren Jahren beriet Faraday die Regierung in sehr unterschiedlichen Fragen – von Leuchttürmen bis hin zu Bergbauunfällen. Während des Krimkriegs wurde er gebeten, die mögliche Verwendung von Giftgas als Waffe zu untersuchen, was er aber aus ethischen Gründen verweigerte. Aufgrund seiner Bescheidenheit lehnte er zahlreiche Ehrungen ab, darunter sogar den Ritterschlag. Er starb 1867, wenige Wochen vor seinem 76. Geburtstag.

Andrew May

POLARISATION

30 Sekunden Theorie

3-SEKUNDEN-BLITZ
Die Polarisation eines
Photons (einer Lichtwelle)
steht senkrecht zu seiner
Bewegungsrichtung, die an
sein sich änderndes elek-
trisches Feld gekoppelt ist.

3-MINUTEN-GLÜHEN
Bei der herkömmlichen,
linearen Polarisation breitet
sich das Licht in einer feststehenden Richtung aus.
Es kann aber auch eine
zirkulare Polarisation aufweisen, bei der die Polarisationsrichtung unterwegs
rotiert. Durch Modulierung
der Polarisation und nicht
der Lichtintensität, wie
derzeit in der Glasfaser-
optik üblich, kann die
Menge der übertragenen
Informationen verdoppelt
werden. (Man beachte,
dass hier nicht etwa die bei
gewissen Experimenten mit
Licht erzeugte rotierende
Phase zugrunde liegt, die
ein von der Polarisation zu
trennendes Phänomen ist.)

Man kann sich das Licht als

Wechselspiel zwischen einer elektrischen und einer
magnetischen Welle vorstellen, die im rechten
Winkel zueinander stehen und senkrecht zur Aus-
breitungsrichtung schwingen. Die Richtung der
elektrischen Welle wird als Polarisation des Lichts
bezeichnet – eine willkürliche Entscheidung. Wer
lieber in Teilchenkategorien denkt, für den weist
jedes Photon zusätzlich zu seiner Bewegungsrichtung, der Polarisation, eine senkrecht dazu stehende Richtung auf. Eine gewöhnliche Lichtquelle
wie die Sonne emittiert Photonen mit allen möglichen Polarisationen. Einige Materialien wirken als
Filter und sind nur durchlässig für Licht mit einer
bestimmten Polarisation. Dies wurde erstmals
beobachtet, als man Licht durch einen Doppelspat-
Kristall (Islandspat) schickte, der für zwei Polarisationen unterschiedliche Brechungsindizes aufweist. Deshalb sieht man durch ihn alles doppelt.
Da in reflektiertem Licht meist mehr Photonen in
eine Richtung als in andere polarisiert sind, können
mithilfe von polarisierenden Sonnenbrillen Augen-
schäden verhindert werden. In LCD-Bildschirmen
kommen zwei Polarisationsfilter im rechten Winkel
zueinander zu beiden Seiten des Flüssigkristalls
zur Anwendung. Die Filter hindern das Licht am
Durchgang. Wird aber ein Strom durch den Kristall
geleitet, so kehrt sich die Polarisationsrichtung
um, und das Licht wird durchgelassen.

VERWANDTE THEMEN
DAS ELEKTROMAGNETISCHE
SPEKTRUM
Seite 36

PHOTONEN
Seite 40

3-SEKUNDEN-BIOGRAFIEN
ERASMUS BARTHOLIN
1625–1698
Dänischer experimenteller Forscher, der als Erster den Islandspat
wissenschaftlich untersuchte

AUGUSTIN JEAN FRESNEL
1788–1827
Französischer Ingenieur und Wissenschaftler, der die Polarisation
mit der Richtung verknüpfte, in die
eine Lichtwelle schwingt

EDWIN LAND
1909–1991
Amerikanischer Ingenieur, der das
polarisierende Material Polaroid
erfand

30-SEKUNDEN-TEXT
Brian Clegg

*Polarisation kommt
in Sonnenbrillen und
LCD-Bildschirmen zum
Einsatz und könnte in der
Zukunft eine Rolle in der
Glasfasertechnik spielen.*

DAS HAMILTON'SCHE PRINZIP

30 Sekunden Theorie

Das nach William Rowan Hamilton (1805–1865) benannte Hamilton'sche Prinzip verdeutlicht, dass die Natur zur Faulheit neigt. So fliegt beispielsweise ein Ball auf einer Flugbahn durch die Luft, die den Unterschied zwischen der kinetischen und der potenziellen Energie des Balles minimiert. Schon im 17. Jahrhundert verwendete Pierre de Fermat einen Teilaspekt dieses Prinzips, das Prinzip der geringsten Zeit, zur Erklärung der Brechung des Lichts, wenn es beispielsweise aus der Luft in Glas eintritt. Das Prinzip besagt, dass das Licht den schnellsten Weg von A nach B nimmt. Bei der Ausbreitung in einem einzelnen Medium ist dies stets eine gerade Linie. Aber die Ausbreitungsgeschwindigkeit ist in Glas langsamer als in der Luft. Aus diesem Grund ist es für das Licht besser, länger in der Luft zu bleiben und die Zeit im Glas zu minimieren. Ein Strahl, der sich möglichst lange durch die Luft bewegt, um dann auf einer Senkrechten zum Ziel ins Glas einzudringen, ist also schneller als einer, der sich auf einer geraden Linie fortbewegt. Diese Erscheinung wird manchmal als »Baywatch-Prinzip« bezeichnet, weil dasselbe für einen Rettungsschwimmer am Strand gilt: Der schnellste Weg zu einem Ertrinkenden führt nicht auf direktem Weg durch das Wasser, sondern möglichst lange am Strand entlang und dann im rechten Winkel schwimmend zu ihm.

Der schnellste Weg muss nicht der kürzeste sein. Rettungsschwimmer bewegen sich schneller am Strand als im Wasser.

LICHT-GESCHWINDIGKEIT

30 Sekunden Theorie

3-SEKUNDEN-BLITZ
Licht breitet sich mit einer Geschwindigkeit von 300 000 km/s aus. Albert Einstein postulierte, dass nichts sich schneller fortbewegt als das Licht.

3-MINUTEN-GLÜHEN
Wegen der zwar hohen, aber begrenzten Lichtgeschwindigkeit werfen wir, wenn wir hinauf zum Nachthimmel schauen, einen Blick in die Vergangenheit. Das Licht des Sirius, des hellsten Sterns am Nachthimmel, braucht achteinhalb Jahre, um zu uns zu gelangen, das Licht des Polarsterns etwa vier Jahrhunderte. Wenn das Licht aus den entferntesten sichtbaren Galaxien uns erreicht, hat es eine etwa 13 Milliarden Jahre dauernde Reise hinter sich. Wir sehen jene fernen Regionen des Universums so wie in dessen früher Kindheit.

Das Licht bewegt sich äußerst schnell, aber nicht verzögerungsfrei. Galileo stellte zwei Laternen auf Hügeln im Abstand von einigen Kilometern auf und wollte so die Lichtgeschwindigkeit messen, doch er kam zum Schluss, dass es ohne Zeitverzögerung von A nach B gelangte. Eine endliche Lichtgeschwindigkeit vermutete im ausgehenden 16. Jahrhundert der dänische Astronom Ole Rømer, als er feststellte, dass die Umlaufzeiten der damals bekannten Jupitermonde je nach der Distanz der Erde zum Jupiter unterschiedlich ausfielen. Um die Mitte des 19. Jahrhunderts lieferten Versuche von Hippolyte Fizeau und Léon Foucault Werte, die nur wenige Prozent von der derzeit akzeptierten Lichtgeschwindigkeit von 300 000 Kilometern pro Sekunde abwichen. 1865 zeigte Maxwell auf, dass Licht eine Form von elektromagnetischer Strahlung ist, denn seine Geschwindigkeit stimmte mit der einer elektromagnetischen Welle überein, deren Existenz aufgrund von Daten zur Elektrizität und zum Magnetismus angenommen wurde. 1905 vermutete Einstein, dass die Lichtgeschwindigkeit eine grundlegende Konstante der Natur sei: Alle Beobachter würden unabhängig von ihrer eigenen Geschwindigkeit, denselben Wert dafür messen. Nichts, so Einstein, könne sich mit größerer Geschwindigkeit fortbewegen, und bei Annäherung an die Lichtgeschwindigkeit nehme die Länge von Objekten ab, die Zeit verlaufe für einen externen Beobachter langsamer, und die Masse von Objekten nehme zu.

VERWANDTE THEMEN
PHOTONEN
Seite 40

ELEKTROMAGNETISMUS
Seite 80

SPEZIELLE RELATIVITÄT
Seite 112

3-SEKUNDEN-BIOGRAFIEN
OLE RØMER
1644–1710
Dänischer Astronom, der nachwies, dass die Lichtgeschwindigkeit endlich ist

LÉON FOUCAULT
1819–1868
Französischer Physiker, bekannt für sein Foucault'sches Pendel

JAMES CLERK MAXWELL
1831–1879
Schottischer theoretischer Physiker, der aufzeigte, dass das Licht eine elektromagnetische Welle ist

30-SEKUNDEN-TEXT
Rhodri Evans

Ole Rømer stellte fest, dass die Entfernung des Jupiters zur Erde die gemessenen Umlaufzeiten seiner Monde verändert.

QUANTENMECHANIK

Antiteilchen Die Teilchen, aus denen die Antimaterie besteht. Sie sind den Materieteilchen
ähnlich, besitzen aber typischerweise
die entgegengesetzte Ladung. Zu jedem
Materieteilchen gibt es ein Antiteilchen. So ist
das Positron das Antiteilchen des Elektrons.
Wenn Materie und Antimaterie zusammen-
kommen, vernichten sich ihre Teilchen gegenseitig, wobei die gleiche Menge an Energie
in Form von Photonen freigesetzt wird. Nach
einigen Definitionen ist das Photon sein eigenes
Antiteilchen.

Dirac-Gleichung Äquivalent der Schrödinger-
gleichung, das die Auswirkungen der speziellen
Relativitätstheorie berücksichtigt und auf den
britischen Physiker Paul Dirac zurückgeht. Die
Gleichung ist auf bestimmte Arten von Teilchen
wie das Elektron anwendbar. Sie implizierte die
Existenz des Positrons schon lange vor dessen
Entdeckung.

Elektrolyse Bei der Elektrolyse löst ein elektrischer Strom eine chemische Reaktion aus. Der
Strom fügt Elektronen zu den sonst positiv geladenen Ionen (Atome, denen Elektronen fehlen)
hinzu und entzieht negativ geladenen Ionen
Elektronen. Eines der bekanntesten Beispiele ist
die Elektrolyse von Wasser, die Wasserstoff und
Sauerstoff in Gasform erzeugt.

Heisenberg'sche Unschärferelation Ein Prinzip
der Quantenphysik, nach dem zwei komplementäre
Eigenschaften eines Teilchens nicht beliebig genau
feststellbar sind. Je genauer man den Ort eines
Quantenteilchens kennt, desto weniger genau kann
man seinen Impuls bestimmen und umgekehrt. Ent-
sprechendes gilt für Energie und Zeit eines Systems.

Impuls In der klassischen Physik entspricht der
Impuls der Masse eines Objekts multipliziert mit
seiner Geschwindigkeit. In der Quantenphysik
teilt man zu seiner Ermittlung die Planck-Konstante durch die dem Quantenteilchen zugeordnete
Wellenlänge, die sowohl für Teilchen mit als auch
ohne Masse wie das Photon existiert.

Matrizen Eine Matrix ist eine Menge von Zahlen
oder mathematischen Ausdrücken, die in recht-
eckiger Form angeordnet sind. Für die Multiplikation
von Matrizen gelten spezielle Regeln, sodass AB
nicht unbedingt gleich BA ist.

Photon Masseloses Licht-Quantenteilchen. Licht
kann als Welle, Teilchen oder Störung in einem elektromagnetischen Feld beschrieben werden. Diese
Modelle wurden geschaffen, um das Licht besser zu
verstehen. Die Beschreibung von Licht als Teilchen
ist nützlich für die Beschreibung der Wechselwirkung zwischen Licht und Materie und unerlässlich für das erstmals von Einstein beschriebene
Phänomen, dass energetische Photonen Elektronen
aus Metallen herausschlagen und dabei einen elek-

trischen Strom erzeugen. Die Energie eines Photons entspricht der Farbe des Lichts. Das Photon ist das Trägerteilchen der elektromagnetischen Kraft: Wenn zwei Objekte elektrisch oder magnetisch interagieren, übertragen die zwischen den Objekten wandernden Photonen die Kraft.

Quanten Der Begriff »Quant« bezeichnete ursprünglich ein Lichtpaket beziehungsweise ein Lichtteilchen und wurde erstmals verwendet, als man feststellte, dass sich Licht manchmal wie eine Ansammlung diskreter Objekte verhält. Später wurde der Begriff auf alle Objekte ausgedehnt, die klein genug sind, um der Quantenphysik zu unterliegen.

Quantenmechanischer Zustand Der Zustand, in dem sich ein Quantensystem mit einem oder mehreren Quantenteilchen befindet, wird durch mehrere Zahlen definiert. Typischerweise hat eine Quanteneigenschaft wie der Spin keinen definitiven Wert, bevor er gemessen wird, sondern befindet sich in einem Quantenzustand von beispielsweise 40 Prozent up und 60 Prozent down.

Spin Der Spin ist eine Eigenschaft eines Quantenteilchens. Er beruht zwar auf einem Drehimpuls-Modell, aber es handelt sich beim Spin nicht wirklich um Drehung. Sein Wert beträgt ein Vielfaches von ½, und er besitzt eine gequantelte Richtung. Wenn man also den Spin eines Teilchens misst, wird er immer entweder »nach oben« (up) oder »nach unten« (down) in der gemessenen Richtung sein.

Schwarzer Körper Physikalisches Objekt, das alle elektromagnetischen Strahlen absorbiert, die darauf treffen. Bei konstanter Temperatur emittiert ein Schwarzkörper ein Lichtspektrum, das ausschließlich von seiner Temperatur abhängt.

QUANTEN

30 Sekunden Theorie

Ein Quant stellt in der Physik die

kleinste Menge einer physikalischen Einheit dar, die an einer Wechselwirkung beteiligt ist. 1900 schlug Max Planck erstmals vor, dass die Natur gequantelt ist. Er erklärte das Spektrum von Schwarzen Körpern, indem er annahm, dass Licht nur mit einer bestimmten Energie emittiert werden könne – in Paketen, die er als »Quanten« bezeichnete. Die Energie jedes Quants hängt dabei von der Frequenz des Lichts ab. Fünf Jahre später erklärte Albert Einstein den photoelektrischen Effekt, bei dem Elektronen an der Oberfläche bestimmter Metalle freigesetzt werden, wenn Licht darauf scheint. Er nahm dazu an, dass das einfallende Licht von den Elektronen in Energiepaketen absorbiert werde – in ebenjenen Quanten, deren Existenz Planck für Lichtemission vorgeschlagen hatte. Nach der Entdeckung des Atomkerns im Jahre 1913 schlug Niels Bohr vor, dass auch die Elektronenbahnen in seinem Orbit gequantelt sind und nur bestimmte Werte annehmen können. Mithilfe der Quantelung der Bahnen konnte Bohr das Spektrum von gasförmigem Wasserstoff erklären: Photonen werden mit spezifischen Frequenzen emittiert, wenn Elektronen von einer höheren zu einer niedrigeren Bahn springen. In den späten Zwanzigerjahren entwickelten Erwin Schrödinger und Werner Heisenberg unabhängig voneinander die Quantenmechanik, die Bohrs These der gequantelten Elektronenbahnen erklärte.

3-SEKUNDEN-BLITZ
Die Energie von Strahlung und von subatomaren Teilchen wie Elektronen und Protonen kann nur in diskreten Paketen kommen, die man Quanten nennt.

3-MINUTEN-GLÜHEN
Die Vorstellung, dass Energie in Paketen (Quanten) vorliegt, war eine der großen Revolutionen der Physik des 20. Jahrhunderts. Sie wurde 1900 von Max Planck angestoßen und fand Ende der Zwanzigerjahre ihren Höhepunkt in der Quantenmechanik, nach der nicht nur die Energie gequantelt ist, sondern auch Messungen stets eine gewisse Unsicherheit beinhalten.

VERWANDTE THEMEN
PHOTONEN
Seite 40

DER WELLE-TEILCHEN-DUALISMUS
Seite 60

DIE HEISENBERG'SCHE UNSCHÄRFERELATION
Seite 64

3-SEKUNDEN-BIOGRAFIEN
MAX PLANCK
1858–1947
Deutscher Physiker, der als Erster vorschlug, dass Licht gequantelt ist

ERWIN SCHRÖDINGER
1887–1961
Deutscher Physiker, der die wellenmechanische Formulierung der Quantentheorie ausarbeitete

WERNER HEISENBERG
1901–1976
Deutscher Physiker, der die matrixmechanische Formulierung der Quantentheorie ausarbeitete

30-SEKUNDEN-TEXT
Rhodri Evans

Im Aufsatz On the Constitution of Atoms and Molecules *legte Bohr 1913 sein Atommodell dar.*

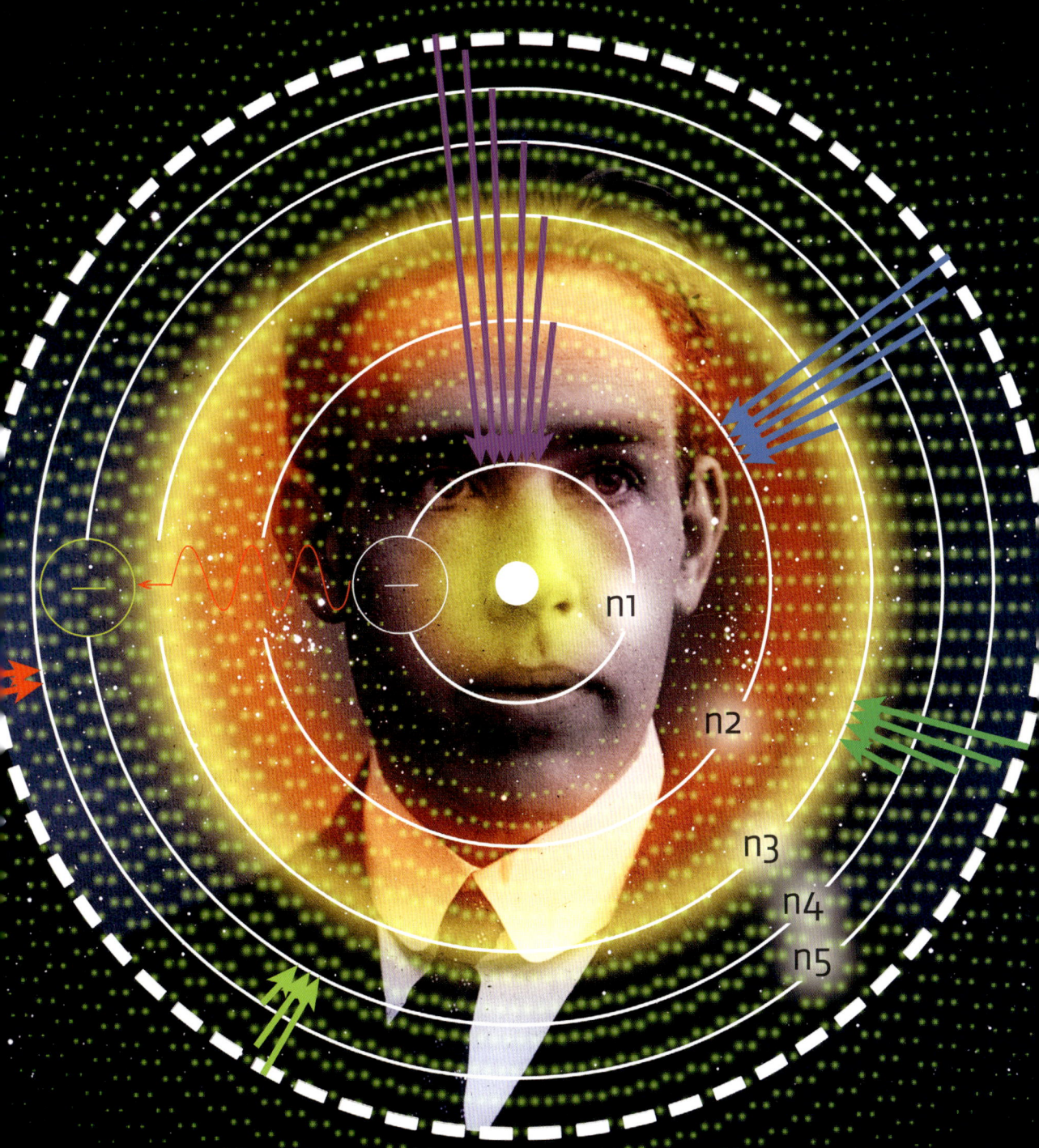

DER WELLE-TEILCHEN-DUALISMUS

30 Sekunden Theorie

VERWANDTE THEMEN
QUANTEN
Seite 58

DIE SCHRÖDINGERGLEICHUNG
Seite 62

DIE HEISENBERG'SCHE
UNSCHÄRFERELATION
Seite 64

3-SEKUNDEN-BLITZ
Die Quantenmechanik beschreibt eine merkwürdige Welt, in der sich vermeintliche Wellen, darunter die des Lichts, wie Teilchen und vermeintliche Teilchen, zum Beispiel Elektronen, wie Wellen verhalten.

3-MINUTEN-GLÜHEN
Der Welle-Teilchen-Dualismus geht über die einzelnen Teilchen hinaus: Atome und größere Moleküle verhalten sich wie Wellen. Physiker gehen davon aus, dass jedem Objekt eine bestimmte Wellenlänge zugeordnet ist – auch jedem von uns – , die mit zunehmender Größe des Objekts abnimmt. Glücklicherweise bekommen wir die Auswirkungen im Alltag nicht zu spüren, denn Steine, Autos, Menschen oder Planeten sind im Vergleich zu Teilchen so riesig, dass ihre Wellenlängen verschwindend klein sind.

Wir fassen das Licht als Welle

auf, die Bausteine der Atome wie Elektronen, Neutronen und Protonen dagegen als Teilchen. In der verwirrenden Welt der Quantenmechanik können sich aber Wellen, zum Beispiel die des Lichts, wie Teilchen verhalten und Teilchen wie Wellen. Diese als Welle-Teilchen-Dualismus bezeichnete Erscheinung wurde in zahlreichen Experimenten nachgewiesen. Das Verhalten von Licht unter bestimmten Umständen kann nur erklärt werden, wenn man annimmt, dass Licht in einzelne Quanten, also Teilchen, verpackt daherkommt. Ein Lichtquant wird als Photon bezeichnet: Genau wie ein Teilchen besitzt es einen Impuls, daneben aber mit Wellenlänge und Frequenz auch Welleneigenschaften. In ähnlicher Weise kann manches bei Elektronen zu beobachtende Verhalten nur erklärt werden, wenn man sie als Wellen betrachtet. Auch Elektronen und alle anderen Teilchen haben neben dem zu erwartenden Impuls eine Wellenlänge und eine Frequenz. Einige Komponenten moderner Digitalkameras lassen sich besser verstehen, wenn man Licht sowohl als Welle (wenn es von der Linse fokussiert wird) als auch als Teilchen (wenn ein Photon auf den Detektorchip trifft und ein Elektron freisetzt) begreift. Ebenso werden in Elektronenmikroskopen sowohl die Wellen- als auch die Teilcheneigenschaften von Elektronen genutzt.

3-SEKUNDEN-BIOGRAFIEN
MAX PLANCK
1858–1947
Deutscher Physiker, der annahm, dass Licht- und Wärmeenergie in winzige Pakete, die Quanten, aufgeteilt ist

CLINTON DAVISSON
1881–1958
LESTER GERMER
1896–1971
& GEORGE PAGET THOMSON
1892–1975
Zwei US-Physiker und ein englischer Wissenschaftler, die bei Elektronen die bei Wellen übliche Brechung nachwiesen

30-SEKUNDEN-TEXT
Leon Clifford

Nach Auffassung von Physikern hatten auch Einstein und Planck ihre eigene Wellenlänge.

DIE SCHRÖDINGER-GLEICHUNG

30 Sekunden Theorie

3-SEKUNDEN-BLITZ

Erwin Schrödinger leistete für die Quantenmechanik, was Isaac Newton für die klassische Mechanik getan hatte: Er erarbeitete eine einfache Gleichung, die beschreibt, wie sich ein Quantensystem entwickelt.

3-MINUTEN-GLÜHEN

Die Gleichungen der klassischen Mechanik scheitern auf der Quantenebene, die grundlegende quantenmechanische Schrödingergleichung tut dasselbe nahe der Lichtgeschwindigkeit. Paul Dirac löste dieses Problem, indem er die Mathematik extrem hoher Geschwindigkeiten, die spezielle Relativitätstheorie, mit der von Schrödinger beschriebenen Mathematik winziger Teilchen kombinierte. Seine Dirac-Gleichung ist eine relativistische Version der Schrödingergleichung für einige Arten von Teilchen.

Die Gleichungen der klassischen Mechanik, die beschreiben, wie sich ein System im Laufe der Zeit verändert, scheitern in der Quantenwelt. Um zu beschreiben, wie sich ein Quantensystem fortentwickelt, ist ein anderer mathematischer Ansatz erforderlich. Der deutsche Physiker Erwin Schrödinger löste dieses Problem 1926 mit der sogenannten Schrödingergleichung, die die Veränderungen der Wellenfunktion eines Quantensystems beschreibt. Die Wellenfunktion umfasst alle Informationen, die zur vollständigen Beschreibung eines Quantensystems erforderlich sind. Die Schrödingergleichung beschreibt, wie sich die Wahrscheinlichkeit, ein Teilchen oder ein System von Teilchen zu lokalisieren, wellenförmig entwickelt, und gibt so einen Einblick in die Wellen-Teilchen-Dualität – die Eigenschaft von Teilchen, sich wie Wellen zu verhalten, und Wellen, sich wie Teilchen zu verhalten. Mathematisch basiert die Schrödingergleichung auf Algebra und der Infinitesimalrechnung. Die Quantenmechanik kann aber auch mithilfe der Mathematik der Matrizen beschrieben werden. Beide Ansätze sind gleichwertig. Die Schrödingergleichung stellte einen bedeutenden Fortschritt in der Mathematik der klassischen Physik dar. Auf diesem Fundament baute beispielsweise der englische Physiker Paul Dirac bei der Ausarbeitung der Quantenelektrodynamik (QED) auf, ohne deren Existenz die heutige Physik undenkbar wäre.

VERWANDTE THEMEN

QUANTEN
Seite 58

DER WELLE-TEILCHEN-DUALISMUS
Seite 60

DIE HEISENBERG'SCHE UNSCHÄRFERELATION
Seite 64

QUANTENELEKTRODYNAMIK
Seite 68

3-SEKUNDEN-BIOGRAFIEN

ERWIN SCHRÖDINGER
1887–1961
Österreichischer Physiker und Nobelpreisträger, von dem die Schrödingergleichung stammt

WERNER HEISENBERG
1901–1976
& RICHARD FEYNMAN
1918–1988
Deutscher und amerikanischer Physiker, die unterschiedliche Beschreibungen für die Evolution von Quantensystemen vorlegten

30-SEKUNDEN-TEXT

Leon Clifford

Schrödinger testete seine Gleichung, indem er sie auf die Struktur des Wasserstoffatoms anwandte.

DIE HEISENBERG'-SCHE UNSCHÄRFE-RELATION

30 Sekunden Theorie

3-SEKUNDEN-BLITZ
Wer weiß, wo etwas ist, kann nicht zugleich genau wissen, wohin es unterwegs ist; und Energie kann »geborgt« werden, aber nur für einen Augenblick.

3-MINUTEN-GLÜHEN
Die Unschärferelation ist der Grund für die gigantische Größe von Teilchenbeschleunigern wie dem *Large Hadron Collider*. Die Erforschung von Entfernungen, die Tausende Male kleiner sind als ein Proton, erfordert Teilchenstrahlung mit Energien, die milliardenfach größer sind als die bei Raumtemperatur üblichen. Die Teilchen müssen mit diesen Riesenbeschleunigern auf äußerst hohe Geschwindigkeiten gebracht werden, um die erforderliche Energie aufzuweisen, denn die derzeit zur Verfügung stehende Technologie erlaubt keine schnellere Beschleunigung.

Nach diesem Grundprinzip der Quantenmechanik, das der deutsche theoretische Physiker Werner Heisenberg 1927 aufstellte, kann man nicht gleichzeitig Ort und Impuls eines Teilchens mit absoluter Genauigkeit messen oder seine Energie zu einem bestimmten Zeitpunkt exakt bestimmen. Je genauer die Messung einer Eigenschaft ist, desto ungenauer fällt die Messung oder Steuerung der anderen aus. Da dieses Prinzip nur in sehr geringem Umfang wirkt, kann es im Alltag ignoriert werden. Für subatomare Partikel dagegen sind seine Auswirkungen enorm. Diese Unschärfe gilt als inhärente Eigenschaft der Natur und geht nicht etwa auf eine fehlerhafte Messung zurück. Eine Folge davon ist, dass die Gesamtenergie eines Teilchens kurzzeitig um den Betrag E schwanken kann, solange das Produkt aus E mal t das Planck'sche Wirkungsquantum dividiert durch 4π nicht überschreitet. Hieraus folgt wiederum, dass die Energieerhaltung für sehr kurze Zeiträume außer Kraft gesetzt werden kann. Teilchen in einem solchen Zustand werden als virtuelle Teilchen bezeichnet. Der Austausch von virtuellen Photonen zwischen Teilchen führt nach der Quantenelektrodynamik (QED) zur Entstehung der elektromagnetischen Wechselwirkung.

VERWANDTE THEMEN
PHOTONEN
Seite 40

QUANTENELEKTRODYNAMIK
Seite 68

DIE SCHWACHE WECHSELWIRKUNG
Seite 88

DIE STARKE WECHSELWIRKUNG
Seite 90

3-SEKUNDEN-BIOGRAFIEN
NIELS BOHR
1885–1962
Dänischer Physiker, der eng mit Heisenberg zusammenarbeitete

WERNER HEISENBERG
1901–1976
Deutscher Physiker und Vater der Unschärferelation

30-SEKUNDEN-TEXT
Frank Close

Nach der Unschärferelation kann man nicht gleichzeitig Ort und Impuls eines Teilchens genau messen. Sie ist eines der bekanntesten Prinzipien der Physik.

DER TUNNELEFFEKT

30 Sekunden Theorie

Der Tunneleffekt erklärt, auf
welche Weise subatomare Prozesse wie die Kernfusion oder die Radioaktivität anscheinend Energiebarrieren überwinden können, die eigentlich zu hoch sind. So verwandelt sich beim radioaktiven Beta-Zerfall ein Neutron in ein Proton, ein Anti-Neutrino sowie ein Elektron, wobei das Anti-Neutrino und das Elektron mit hoher Geschwindigkeit aus dem Kern geschleudert werden. Gemäß den Gesetzen der klassischen Physik sollte das Elektron nicht aus dem Kern entweichen können, denn die elektromagnetische Anziehungskraft zwischen ihm und dem positiv geladenen Kern ist zu stark. Um sein Entkommen zu erklären, wurde ein Tunneleffekt postuliert: Das Elektron überwindet die Energiebarriere, indem es »hindurchtunnelt«, ähnlich wie ein Zug, der durch einen Tunnel auf die andere Seite eines Berges gelangt, statt ihn zu überqueren. Das Tunneln verdankt seine Existenz der Heisenberg'schen Unschärferelation: Im obigen Beispiel kann das Elektron für kurze Zeit ausreichend Energie aufnehmen, um die Energiebarriere zu überwinden, die seinen Austritt blockiert. Auch wenn er nur über winzige Entfernungen von bis zu drei Nanometern wirkt, ist der Tunneleffekt auch für manche Effekte auf der makroskopischen Ebene verantwortlich. So stellt er die Hauptquelle für den Leistungsverlust bei Handys dar.

3-SEKUNDEN-BLITZ
Der Tunneleffekt ermöglicht subatomaren Teilchen die Überwindung zu hoher Energiebarrieren, indem sie sich für kurze Zeit Energie »leihen«.

3-MINUTEN-GLÜHEN
Das 1981 erfundene Rastertunnelmikroskop (RTM) scannt die Oberflächen von Materialien und macht einzelne Atome sichtbar. Es funktioniert durch Abtasten einer elektrisch leitfähigen Spitze sehr nahe an der Oberfläche des Materials, und durch Anlegen einer Spannung können Elektronen in den Spalt zwischen der Spitze und der Oberfläche eindringen. Ein RTM erreicht Auflösungen von bis zu 0,1 Nanometern in horizontaler und bis zu 0,01 Nanometern in vertikaler Richtung.

VERWANDTE THEMEN
DER WELLE-TEILCHEN-DUALISMUS
Seite 60

DIE HEISENBERG'SCHE UNSCHÄRFERELATION
Seite 64

DIE SCHWACHE WECHSELWIRKUNG
Seite 88

3-SEKUNDEN-BIOGRAFIEN
MAX BORN
1882–1970
Deutscher Physiker, der erkannte, dass der Tunneleffekt nicht nur auf der Ebene des Kerns wirkt

GEORGE GAMOW
1904–1968
Russischstämmiger Physiker, der den radioaktiven Alpha-Zerfall mithilfe des Tunneleffekts erklärte

BRIAN DAVID JOSEPHSON
geb. 1940
Walisischer Physiker, der wegweisend zur Rolle des Tunneleffekts für Supraleiter forschte

30-SEKUNDEN-TEXT
Rhodri Evans

»Geliehene« Energie ist verantwortlich für den Tunneleffekt, der auf extrem kleine, subatomare Abstände wirkt.

QUANTEN-ELEKTRODYNAMIK

30 Sekunden Theorie

Die Quantenelektrodynamik

(QED) ist eine Theorie der elektromagnetischen Wechselwirkung, die Maxwells klassische Theorie des Elektromagnetismus mit Einsteins spezieller Relativitätstheorie und der Quantenmechanik kombiniert. Maxwells Theorie zu elektrischen Strömen und elektromagnetischen Wellen wie Licht oder Radiowellen stammt noch aus der Zeit vor der Entdeckung von Elektron und Photon. 1928 arbeitete Paul Dirac eine Theorie des Elektrons und seiner Wechselwirkungen mit Photonen aus, die mit der speziellen Relativitätstheorie vereinbar ist. Die Dirac-Gleichung setzte jedoch die Existenz von Antimaterie in Form von Positronen sowie die Möglichkeit voraus, dass ein Elektron und ein Positron einander in einem Energieschub vernichten, wobei Photonen entstehen, oder dass sich umgekehrt Photonen in ein Teilchen und Antiteilchen, beispielsweise ein Elektron und ein Positron, verwandeln. Um dem Rechnung zu tragen, entwickelte Dirac die Quantenelektrodynamik, die die Wechselwirkung von Photonen und elektrischen Ladungen beschreibt, einschließlich der Auswirkungen von Materie und Antimaterie auf das elektromagnetische Feld. Nach der QED entsteht die elektromagnetische Kraft zwischen zwei Teilchen durch den Austausch eines oder mehrerer Photonen. Die Theorie beschreibt die magnetischen Eigenschaften von Teilchen wie dem Elektron mit einer Genauigkeit von etwa eins zu einer Milliarde.

3-SEKUNDEN-BLITZ
Die auf Paul Diracs Pionierarbeit beruhende QED erklärt das elektromagnetische Feld und ist mit der Quantenmechanik und mit der speziellen Relativitätstheorie zu vereinbaren.

3-MINUTEN-GLÜHEN
Die QED gehört zu den am strengsten getesteten Theorien in der Physik. Mit Feynman-Diagrammen lässt sich im Rahmen der QED selbst komplexe Quantenmathematik von Teilchen, Antiteilchen und Photonen visualisieren. Die QED regte neue Theorien zur starken und schwachen Wechselwirkung an: die Quantenchromodynamik (QCD) bzw. die Quantenflavourdynamik (QFD). Mathematische Parallelen dieser Theorien veranlassten Theoretiker zur Suche nach einer großen vereinheitlichten Theorie der vier bekannten physikalischen Grundkräfte.

VERWANDTE THEMEN
ANTIMATERIE
Seite 30

PHOTONEN
Seite 40

3-SEKUNDEN-BIOGRAFIEN
PAUL DIRAC
1902–1984
Englischer Physiker, der die theoretische Grundlage der QED ausarbeitete

SIN-ITIRO TOMONAGA
1906–1979

JULIAN SCHWINGER
1918–1994

& RICHARD FEYNMAN
1918–1988
Japanischer und amerikanische Physiker, die für ihre Arbeit an der QED mit dem Nobelpreis ausgezeichnet wurden

30-SEKUNDEN-TEXT
Frank Close

Feynman-Diagramme stellen Photonen als wackelige und Elektronen oder Positronen als gerade Linien dar, die durch die Raumzeit verlaufen.

11. Mai 1918
Geburt in New York City

1935
Stipendium am MIT, wo er im Hauptfach Physik studiert

1939
Promotionsstudium in Princeton mit Bestnoten in der Aufnahmeprüfung

1942
Anwerbung für das Manhattan-Projekt durch Robert Oppenheimer

1945
Tod seiner Jugendliebe und Ehefrau Arlene an Tuberkulose

1945
Professor für theoretische Physik an der Cornell University

1947–49
Forschung im Bereich der QED, für die er später mit dem Physik-Nobelpreis ausgezeichnet wurde

1950
Professor für theoretische Physik am *Caltech*. *Erstes Urlaubsjahr in Rio de Janeiro*

1960–63
Neukonzeption der Einführungsvorlesungen in Physik am Caltech

1965
Nobelpreis für Physik für seine Beiträge zur Quantenelektrodynamik

1985
Veröffentlichung seiner Bestseller-Memoiren unter dem Titel *Sie belieben wohl zu scherzen, Mr. Feynman! – Abenteuer eines neugierigen Physikers*

1986
Überzeugung der Untersuchungskommission zur Challenger-Katastrophe durch eine einfache Demonstration

15. Februar 1988
Tod in Los Angeles

RICHARD FEYNMAN

Richard Feynman wuchs in Far
Rockaway, einem Vorort von New York, als Sohn
eines Uniformenhändlers auf. Schon als Teenager
verschlang er komplexe Bücher zur Mathematik und
gewann mehrere Mathematikwettbewerbe. Als
Stipendiat studierte er am MIT Physik und bewarb
sich anschließend um ein Promotionsstudium in
Princeton. Bei den Aufnahmeprüfungen erzielte
Feynman Höchstnoten in Mathematik und Physik,
eine Leistung, die zuvor noch nie jemand erreicht
hatte. In Princeton arbeitete er unter der Leitung von
John Archibald Wheeler an der Quantenmechanik
und wurde gleich nach seiner Promotion von Robert
Oppenheimer für das Manhattan-Projekt in Los
Alamos angeworben.

Dort arbeitete er an den für die Kettenreaktion
entscheidenden Neutronenberechnungen, doch
seine Hauptaufgabe bestand in der Aufsicht über
die menschlichen »Computer«, die die Zahlen der
komplexen Berechnungen verarbeiteten. Da dieser
Prozess zu viel Zeit in Anspruch nahm, entwickelte
Feynman parallele Rechentechniken, sodass sich sein
Team von drei Berechnungen in neun Monaten auf
neun in drei Monaten steigerte. 1945 lehnte er ein
Angebot ab, zu Einstein nach Princeton zu wechseln,
und trat eine Professur an der Cornell University an.
Im selben Jahr starb seine Jugendliebe und Gattin
Arlene an Tuberkulose, was bei ihm eine schwere De-
pression auslöste.

In den fünf Jahren, in denen er an der Cornell
University neben zwei anderen Physikern die
Quantenelektrodynamik (QED) zur Wechselwirkung
zwischen Licht- und Materieteilchen entwickelte,
versuchten diverse Universitäten, ihn abzuwerben.
Chicago machte ihm ein Angebot, das er als zu
großzügig empfand. Er entschied sich schließlich
für das Caltech, verbrachte aber erst ein Zwischen-
jahr in Rio de Janeiro, wo er auch am Karneval teil-
nahm und Schlagzeug spielte. Am Caltech trug
Feynman Wichtiges zum Verständnis der schwachen
Wechselwirkung und zur frühen Theorie der Quarks
bei. Zu Beginn der Sechzigerjahre erstellte er eine
Neufassung des zweijährigen Einführungskurses
in Physik für alle Caltech-Studenten. Seine Vor-
lesungen waren so beliebt, dass Doktoranden und
andere Dozenten sie besuchten, während *The
Feynman Lectures on Physics* sich zur klassischen
Einführung in die Physik mauserten. 1965 erhielt
er den Nobelpreis für Physik für seine Beiträge zur
Quantenelektrodynamik, aber er fühlte sich mit der
Auszeichnung nie wohl. Später sagte er, er hätte die
Auszeichnung lieber nicht erhalten. Aufgrund seiner
unvergleichlichen Fähigkeit, komplexe Physik auf
unterhaltsame und verständliche Weise zu erklären,
wurde er sogar zur Fernsehberühmtheit, und seine
1985 veröffentlichten Memoiren *Sie belieben wohl
zu scherzen, Mr. Feynman* wurden zu einem der
meistverkauften Wissenschaftsbücher aller Zeiten.
Feynmans letzter wichtiger Beitrag war die öffentliche Aufdeckung des Sauerstiffring-Versagens bei
der Challenger-Katastrophe, die am 11. Februar 1986
live im Fernsehen gezeigt wurde. Er starb im Februar
1988 in Los Angeles an Krebs.

Rhodri Evans

QUANTEN-VERSCHRÄNKUNG

30 Sekunden Theorie

3-SEKUNDEN-BLITZ
Als Verschränkung bezeichnet man das eigentümliche Phänomen, dass sich zwei Teilchen selbst über große Entfernungen ohne Zeitverlust über ihren Quantenzustand austauschen können.

3-MINUTEN-GLÜHEN
Eine Folge der Quantenverschränkung ist die Quantenteleportation. Auch wenn sie nicht ganz der aus *Star Trek* bekannten Teleportation (Beamen) entspricht, kann auf diese Weise immerhin eine Einheit Quanteninformationen (ein Qubit) ohne Zeitverlust von einem Ort zum anderen übertragen werden. Der aktuelle Rekord für die Quantenteleportation von Photonen beträgt 143 Kilometer und wurde 2012 erreicht.

Die von Einstein als »spukhafte Fernwirkung« bezeichnete Quantenverschränkung ist eines der faszinierendsten Phänomene der Quantenmechanik. Dabei sind die Quantenzustände von zwei oder mehr Teilchen untrennbar miteinander verbunden. Zum Beispiel können wir zwei Elektronen mit einem Gesamtspin von null erzeugen (der Spin ist einer der vier Quantenzustände eines Elektrons) und sie in verschiedene Richtungen losschicken, bis ein großer Abstand zwischen ihnen liegt. Messen wir darauf einen Spin von $+\frac{1}{2}$ für eines der Elektronen, so wissen wir, dass der Spin des anderen Elektrons $-\frac{1}{2}$ beträgt. Sobald wir den Quantenzustand des ersten Elektrons messen, entfallen alle anderen möglichen Zustände, und der Quantenzustand des Systems kollabiert. Daraus ergibt sich die paradoxe Situation, dass das zweite Elektron den Quantenzustand des ersten Elektrons augenblicklich »kennen« muss, selbst wenn der Abstand zwischen beiden sehr groß ist. Dieses scheinbare Paradoxon, dass Informationen zwischen den beiden Elektronen ohne Zeitverlust übertragen werden, bezeichnet man als Einstein-Podolsky-Rosen-Paradoxon (EPR-Paradoxon oder EPR-Effekt).

VERWANDTE THEMEN
LICHTGESCHWINDIGKEIT
Seite 52

ALBERT EINSTEIN
Seite 108

SPEZIELLE RELATIVITÄT
Seite 112

3-SEKUNDEN-BIOGRAFIEN
BORIS PODOLSKY
1896–1966

& NATHAN ROSEN
1909–1995
US-Physiker, die zusammen mit Einstein das EPR-Paradoxon als Gedankenexperiment vorstellten

JOHN BELL
1928–1990
Nordirischer Physiker, der die Bell'sche Ungleichung aufstellte, mit der sich die Existenz der verzögerungsfreien Verbindung von Verschränkungen überprüfen lässt

30-SEKUNDEN-TEXT
Rhodri Evans

Messen wir für ein Teilchen einen Spin von $+\frac{1}{2}$, wissen wir sofort, dass der Spin des anderen $-\frac{1}{2}$ ist – wie groß ihre Entfernung auch sein mag.

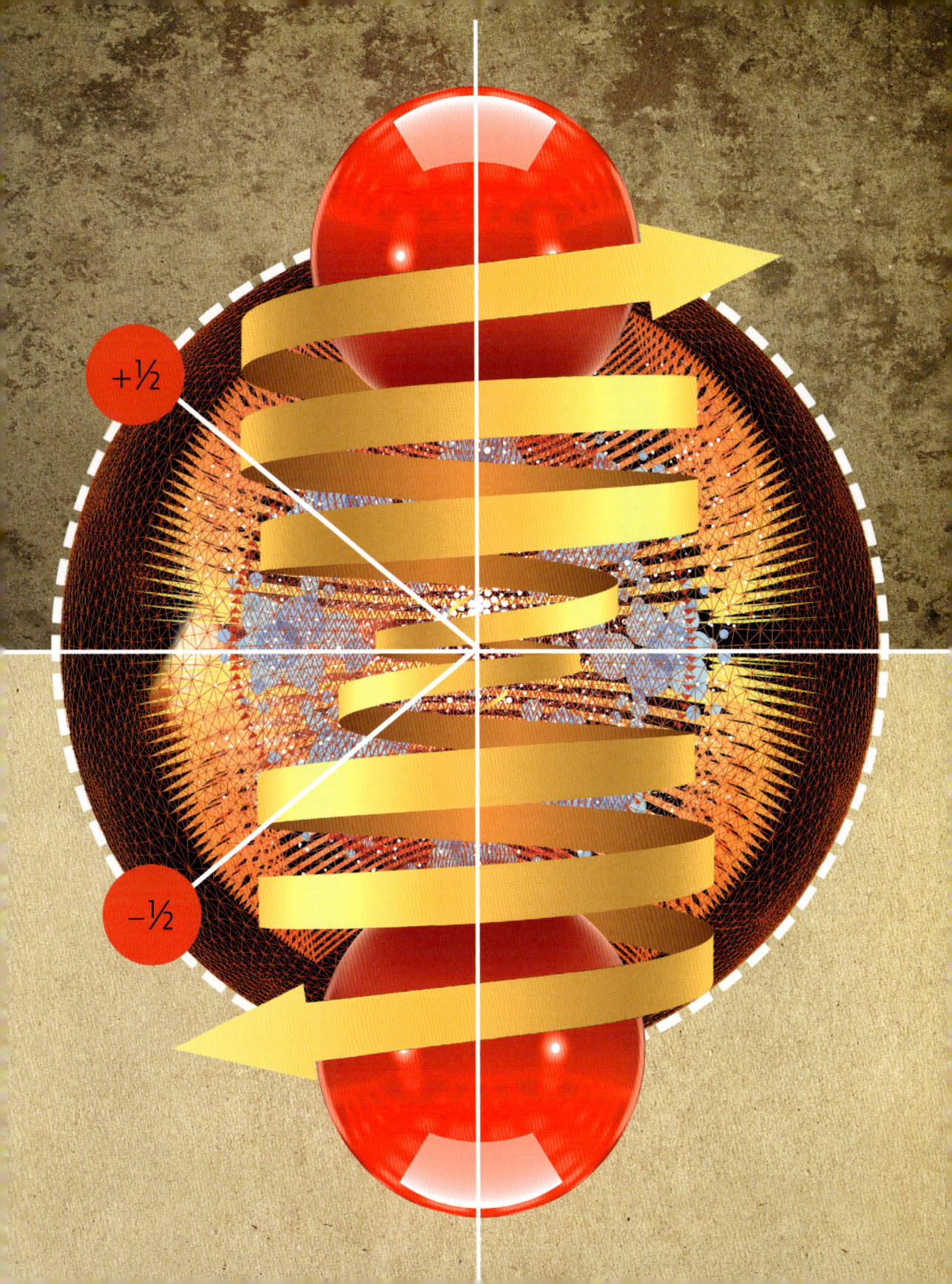

KRÄFTE

Allgemeine Relativitätstheorie Einstein erweiterte das Galilei'sche Relativitätsprinzip zunächst durch Einbeziehung der feststehenden Lichtgeschwindigkeit. Daraus folgte die spezielle Relativitätstheorie, die er später nochmals erweiterte, um Beschleunigung und Schwerkraft mit einzubeziehen. So erhielt er die allgemeine Relativitätstheorie, in der die Gravitation als durch Objekte mit Masse verursachte Verwerfung in der Raumzeit behandelt wird.

Elektrische Störung Im Kern eines Atoms stehen sich zwei Kräfte gegenüber: Positiv geladene Protonen stoßen sich elektromagnetisch ab, werden aber aufgrund der starken Wechselwirkung von anderen Protonen und Neutronen angezogen. Da die starke Wechselwirkung nur auf sehr kurze Distanz wirkt, kann die elektrische Abstoßung sie bei zu vielen Protonen überwinden und den Kern auseinanderbrechen lassen.

Erstes Newton'sches Gesetz (Trägheitsgesetz) Ein Körper verharrt im Zustand der Ruhe oder der gleichförmig geradlinigen Bewegung, sofern er nicht durch einwirkende Kräfte zur Änderung seines Zustands gezwungen wird.

Galilei'sches Relativitätsprinzip Galileo Galilei erkannte, dass man nicht nur sagen muss, dass sich etwas bewegt, sondern auch in Bezug worauf – er implizierte damit Relativität. Er postulierte, dass ein Experiment in einem Boot, das sich mit konstanter Geschwindigkeit bewegt, niemals andere Ergebnisse liefere als dasselbe Experiment in einem unbewegten Boot. In Bezug auf die Objekte im sich ständig bewegenden Boot bewegt sich dieses nicht, sondern es ist nur der Beobachter von außen, der es in Bewegung sieht.

Neutrino Ungeladenes Elementarteilchen mit sehr geringer Masse, das bei Kernreaktionen entsteht. Die Existenz des Neutrinos wurde 1930 vorhergesagt, um den Energieverlust während der Kernreaktion zu erklären, aber erst 1956 entdeckt, da seine Wechselwirkung mit der Materie sehr gering ist. Der Name bedeutet »kleiner Neutraler«.

Pionen (π-Mesonen) Ein Quantenteilchen, das als Meson aus einem Quark und einem Antiquark besteht. Pionen sind instabil und zerfallen in Sekundenbruchteilen. Sie kommen geladen und neutral vor. Geladene Pionen zerfallen in der Regel zu einem Myon (einem Elementarteilchen wie einem schweren Elektron) und einem Neutrino, neutrale Pionen dagegen zu Photonen.

Quark Elementarteilchen, dessen Ladung entweder zwei Drittel derjenigen eines Protons oder ein Drittel derjenigen eines Elektrons beträgt. Es gibt sie in sechs »Flavours«: Up, Down, Charm, Strange, Top und Bottom. Protonen und Neutronen bestehen aus jeweils drei Quarks, Mesonen aus einem Quark-Antiquark-Paar.

Radioaktiver Beta-Zerfall Eine der Möglichkeiten, wie ein Atomkern zerfallen kann, ist die Umwandlung eines Neutrons in ein Proton oder eines Protons in ein Neutron, bevorzugt in Richtung einer stabileren Kernstruktur. Am Ende gehört das Atom einem anderen Element an, denn dieses wird durch die Anzahl der Protonen im Kern definiert. Beim Beta-Zerfall emittiert der Kern entweder ein Elektron oder ein Positron sowie ein Neutrino oder Antineutrino. Als der Prozess zum ersten Mal beobachtet wurde, bezeichnete man die emittierten Elektronen als Beta-Strahlung (später Beta-Partikel), um sie von den positiv geladenen Alpha-Teilchen zu unterscheiden, die manchmal ebenfalls emittiert werden. Die Umwandlung zwischen Proton und Neutron ist auf die schwache Wechselwirkung zurückzuführen.

Skalar Eine physikalische Größe, die allein durch die Angabe eines Zahlenwertes charakterisiert ist, wie die Masse (im Gegensatz zu vektoriellen Größen).

Raumzeit Im Rahmen der speziellen Relativitätstheorie können Zeit und Raum nicht getrennt behandelt werden, da sie gegenseitig voneinander abhängig sind. Deshalb gehen Physiker von einem Raum-Zeit-Kontinuum aus und behandeln die Zeit als (besondere) vierte Dimension.

Vektor Eine Größe, die einen numerischen Wert und eine Richtung hat. Die Geschwindigkeit setzt sich beispielsweise aus ihrem Betrag (dem »Tempo«, einem Skalar) und ihrer Richtung zusammen.

KRAFT & BESCHLEUNIGUNG

30 Sekunden Theorie

3-SEKUNDEN-BLITZ
Um ein Objekt zu beschleunigen, muss eine Kraft darauf einwirken. Wie stark es beschleunigt wird, hängt von seiner Masse ab.

3-MINUTEN-GLÜHEN
Die Gravitation war die erste Naturgewalt, die der Mensch verstand. Das Newton'sche Gravitationsgesetz hatte bis zu Einsteins allgemeiner Relativitätstheorie Bestand, die es seit 1915 ersetzt hat. Inzwischen kennen wir drei weitere Kräfte: die elektromagnetische Kraft sowie die starke und die schwache Wechselwirkung, die in Atomkernen wirken. Die Vereinigung aller vier Kräfte zu einer einzigen Theorie ist eines der großen Probleme der Physik, die noch einer Lösung harren.

Das erste Newton'sche Gesetz

oder das Trägheitsgesetz sagt uns, dass wir eine Kraft anwenden müssen, um einen Körper in Bewegung zu setzen oder seine Geschwindigkeit (in Betrag oder Richtung) zu ändern, wenn er sich bewegt. Das zweite Newton'sche Gesetz beschreibt, wie eine Kraft die Bewegung dieses Körpers verändert, und definiert den Zusammenhang zwischen der auf die Masse des Körpers ausgeübten Kraft und seiner Beschleunigung. In der Physik versteht man unter Beschleunigung eine Änderung des Betrags oder der Richtung der Geschwindigkeit (oder von beiden). Sie lässt sich berechnen, indem man die ausgeübte Kraft durch die Masse des Objekts dividiert. Somit erfordert die Beschleunigung eines Körpers mit mehr Masse eine größere Kraft als diejenige eines masseärmeren Körpers. Daraus geht auch hervor, weshalb ein langer Sattelzug einen stärkeren Motor benötigt als ein Motorrad. Und es bedeutet, dass eine Kraft die Erde auf ihrer Umlaufbahn um die Sonne halten muss, damit sie nicht in gerader Linie davonfliegt. Newton machte diese Kraft in der Gravitation aus, in derselben Kraft, die Äpfel (und uns) zu Boden zieht.

VERWANDTE THEMEN
ELEKTROMAGNETISMUS
Seite 80

DIE SCHWACHE
WECHSELWIRKUNG
Seite 88

DIE STARKE WECHSELWIRKUNG
Seite 90

3-SEKUNDEN-BIOGRAFIEN
GALILEO GALILEI
1564–1642
Italienischer Naturphilosoph, der als Erster das Konzept der Trägheit vorgeschlagen hat

JOHANNES KEPLER
1571–1630
Deutscher Mathematiker, der als Erster erkannte, dass die Planetenbahnen nicht kreisförmig, sondern Ellipsen sind

ISAAC NEWTON
1643–1727
Englischer Physiker, der mit seinen *Principia* 1687 den mathematischen Rahmen für die Physik für zweieinhalb Jahrhunderte setzte

30-SEKUNDEN-TEXT
Rhodri Evans

Kraft durch Masse gleich Beschleunigung: Änderung der Geschwindigkeit oder Richtung.

ELEKTRO-MAGNETISMUS

30 Sekunden Theorie

3-SEKUNDEN-BLITZ
Elektrizität, Magnetismus und Licht sind alle Teil desselben Phänomens, des Elektromagnetismus, den James Clerk Maxwell in den 1860er-Jahren erstmals umfassend beschrieb.

3-MINUTEN-GLÜHEN
Der Elektromagnetismus war nach der Schwerkraft die zweite Naturgewalt, die eine Erklärung erfuhr. Er ist der Grund, warum sich Atome zu Molekülen verbinden und warum wir nicht durch den Stuhl hindurchsinken, wenn wir uns hinsetzen. Die elektromagnetische Kraft ist viel stärker als die Schwerkraft: Die Kraft zwischen einem kleinen Magneten und dem Kühlschrank ist stark genug, um die Schwerkraft der gesamten Erde zu überwinden, die den Magneten nach unten zieht.

Schon zuvor wussten die Menschen seit vielen Jahrhunderten, dass sich Magnete und elektrisch geladene Objekte gegenseitig anziehen oder abstoßen. Als dann 1800 die Batterie erfunden wurde, begannen die Naturwissenschaftler mit der Erforschung der Eigenschaften von elektrischen Strömen, die eigentlich nichts weiter als elektrische Ladungen sind, die sich in Drähten bewegen. André-Marie Ampère zeigte auf, dass zwei Drähte, die beide einen elektrischen Strom führen, sich gegenseitig anziehen oder abstoßen, je nachdem, ob die Ströme in die gleiche oder in entgegengesetzte Richtungen flossen. Hans Christian Ørsted wies nach, dass ein Draht, der einen elektrischen Strom führt, ein ringförmiges Magnetfeld erzeugt. Michael Faraday erforschte diese Phänomene weiter und fand heraus, dass ein Draht, der einen Strom in einem Magnetfeld führt, eine Kraft darauf ausübt. Später entdeckte er außerdem, dass ein Draht, der sich in einem Magnetfeld bewegt, in diesem einen elektrischen Strom erzeugt. Faraday zeigte auch auf, dass ein Magnetfeld Licht ablenkt und ein Wechselstrom in einem Draht in einen nahe gelegenen Draht einen Strom fließen lassen kann. In den 1860er-Jahren brachte Maxwell all diese verwandten Phänomene zusammen, als er seine Gesetze des Elektromagnetismus ableitete, Strom und Magnetismus verband und die Natur des Lichts erklärte.

VERWANDTE THEMEN
DAS ELEKTROMAGNETISCHE SPEKTRUM
Seite 36

MICHAEL FARADAY
Seite 46

JAMES CLERK MAXWELL
Seite 144

3-SEKUNDEN-BIOGRAFIEN
ANDRÉ-MARIE AMPÈRE
1775–1836
Französischer Physiker

MICHAEL FARADAY
1791–1867
Englischer Experimentalforscher, der den Zusammenhang zwischen Elektrizität und Magnetismus klärte und in der Praxis verwendete

30-SEKUNDEN-TEXT
Rhodri Evans

James Clerk Maxwell (ganz rechts) beschrieb mit seinen Gleichungen den Elektromagnetismus mathematisch.

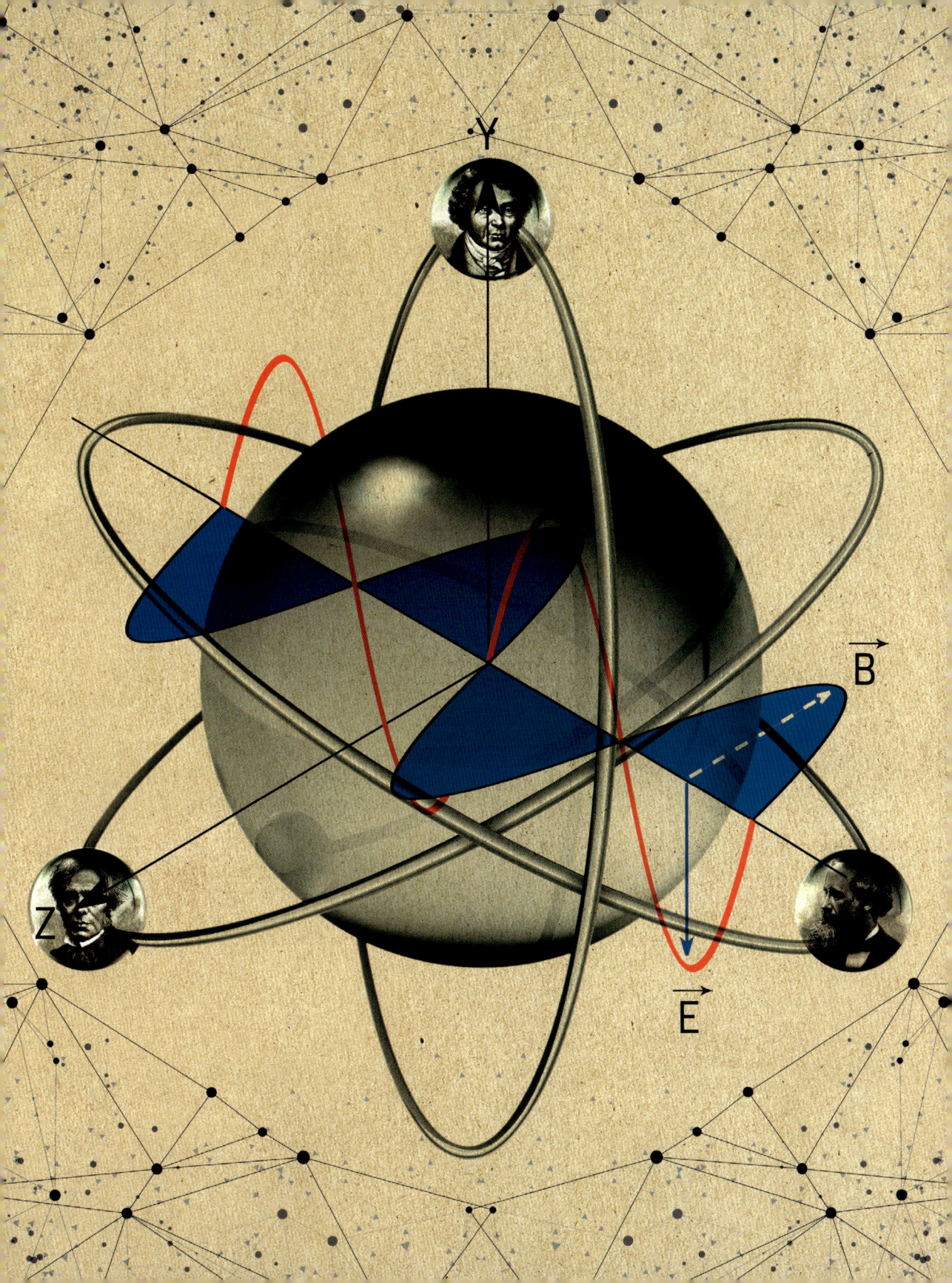

GRAVITATION

30 Sekunden Theorie

Im 4. Jahrhundert v. Chr. vertrat

Aristoteles die Ansicht, Objekte fielen zu Boden, weil die Elemente Erde und Wasser zum Zentrum des Universums strebten. Im ausgehenden 17. Jahrhundert revidierte Newton diese These, als er erkannte, dass die Kraft, die einen Apfel zu Boden fallen lässt, auch den Mond in seiner Umlaufbahn hält. Er beschrieb, wie die »universelle Gravitation« zwischen zwei beliebigen Körpern wirkt. Ihre Stärke lässt sich berechnen, indem man die Massen der Körper multipliziert und durch das Quadrat ihres Abstands dividiert. Dank des Newton'schen Gravitationsgesetzes konnte man die Position eines unsichtbaren Planeten (des Neptuns) anhand von Unregelmäßigkeiten in der Umlaufbahn des Uranus vorhersagen. Und heute erlaubt es uns, Sonden auf Kometen in Hunderten Millionen Kilometern Entfernung zu landen. 1915 veröffentlichte Einstein eine radikal neue Theorie der Gravitation: die allgemeine Relativitätstheorie. Er hatte erkannt, dass das Newton'sche Gravitationsgesetz seine spezielle Relativitätstheorie verletzte. Die allgemeine Relativitätstheorie beschreibt die Schwerkraft auf eine ganz andere Weise: als Verwerfung in der Raumzeit, wobei massereichere Objekte eine stärkere und masseärmere eine schwächere Krümmung der Raumzeit verursachen. Dabei wird selbst das Licht durch die Auswirkungen der Gravitation abgelenkt. Bei der Beobachtung ferner Galaxien kann diese Ablenkung bemerkt werden.

3-SEKUNDEN-BLITZ
Newton beschrieb als Erster die Schwerkraft, und in den meisten Fällen genügt seine Theorie. 1915 ersetzte sie Einstein durch eine neue Theorie, die die Schwerkraft als Folge einer Krümmung der Raumzeit beschreibt.

3-MINUTEN-GLÜHEN
Die Gravitation gehört neben dem Elektromagnetismus sowie der starken und schwachen Wechselwirkung zu den vier Grundkräften der Natur. Noch ist die allgemeine Relativitätstheorie unvereinbar mit Theorien, in denen die drei anderen Kräfte zusammengeführt wurden. An der Ausarbeitung einer Theorie, die die Schwerkraft mit den anderen Grundkräften vereint, wird allerdings mit Hochdruck gearbeitet. Kandidaten sind die Stringtheorie, die Schleifenquantengravitation und die M-Theorie.

VERWANDTE THEMEN
ELEKTROMAGNETISMUS
Seite 80

DIE SCHWACHE WECHSELWIRKUNG
Seite 88

DIE STARKE WECHSELWIRKUNG
Seite 90

3-SEKUNDEN-BIOGRAFIEN
ARISTOTELES
384–322 v. CHR.
Griechischer Philosoph

ALBERT EINSTEIN
1879–1955
Aus Deutschland stammender Physiker und Physiknobelpreisträger des Jahres 1921

KIP THORNE
geb. 1940
Amerikanischer Physiker und führender Experte der allgemeinen Relativitätstheorie

30-SEKUNDEN-TEXT
Rhodri Evans

Auch die Erde verursacht eine Krümmung in der Raumzeit. Ihre Gravitation lenkt das Licht ferner Sterne ab.

UMLAUFBAHNEN & DIE ZENTRIPETAL-KRAFT

30 Sekunden Theorie

3-SEKUNDEN-BLITZ
Die Zentripetalkraft hält einen Körper auf seiner Umlaufbahn, indem sie ihn zum Zentrum zieht. Er befindet sich im freien Fall, aber seine Vorwärtsbewegung hält ihn oben.

3-MINUTEN-GLÜHEN
Bei einem Auto, das sich im Uhrzeigersinn bewegt, wirkt die Zentripetalkraft nach rechts, aber der Fahrer des Autos spürt eine subjektive Kraft nach links, das heißt nach außen und nicht etwa nach innen. Diese vermeintliche Zentrifugalkraft entsteht, weil sich der Fahrer relativistisch gesprochen in einem beschleunigten Bezugssystem befindet, das sich dreht und nicht mit konstanter Geschwindigkeit auf einer Geraden bewegt.

Wenn ein sich bewegender Körper einer Kraft ausgesetzt ist, die in seiner Bewegungsrichtung wirkt, beschleunigt er. Eine senkrecht zum Geschwindigkeitsvektor wirkende Kraft verändert dagegen die Geschwindigkeit nicht, sondern nur die Bewegungsrichtung. Bleibt die Größe der Kraft konstant, und wirkt sie stets senkrecht zur Bewegungsrichtung, so ist das Ergebnis eine kreisförmige Umlaufbahn, wobei die Kraft auf den Kreismittelpunkt ausgerichtet ist. Sie wird als Zentripetalkraft bezeichnet. Ein vertrautes Beispiel für die Wirkung einer Zentripetalkraft ist das Herumwirbeln eines kleinen Gewichts am Ende einer Schnur, aber auch ein Satellit, der die Erde umkreist, oder ein Planet auf einer Umlaufbahn um die Sonne folgen demselben Prinzip. Die Zentripetalkraft gründet dabei auf der Gravitation. Ein Satellit im Orbit befindet sich eigentlich im freien Fall, verfehlt aber aufgrund seiner ausreichenden seitlichen Bewegung die Erde auf Dauer. Da die Schwerkraft von der Entfernung abhängt, gibt es für eine Umlaufbahn mit einem bestimmten Radius nur eine Geschwindigkeit, die sie kreisförmig macht. Bewegt sich ein Körper im Orbit mit einer anderen Geschwindigkeit als der seiner Höhe entsprechenden, folgt er einer elliptischen und keiner kreisförmigen Bahn. Auch das ist eine Wirkung der Zentripetalkraft, die aber in ihrer Stärke zeitlich variiert, statt konstant zu bleiben.

VERWANDTE THEMEN
KRAFT & BESCHLEUNIGUNG
Seite 78

GRAVITATION
Seite 82

DAS GALILEI'SCHE
RELATIVITÄTSPRINZIP
Seite 102

3-SEKUNDEN-BIOGRAFIEN
CHRISTIAAN HUYGENS
1629–1695
Niederländischer Wissenschaftler, der den Begriff »Zentrifugalkraft« prägte und die mathematische Formel dazu ableitete

ISAAC NEWTON
1643–1727
Führte die Zentripetalkraft als Gegenstück zur Zentrifugalkraft ein und beschrieb, wie sie die Planetenbahnen erklären könnte

30-SEKUNDEN-TEXT
Andrew May

Geschwindigkeit und Höhe der Umlaufbahn müssen sehr genau berechnet und eingehalten werden, damit ein Satellit auf einer Kreisbahn um die Erde verbleibt.

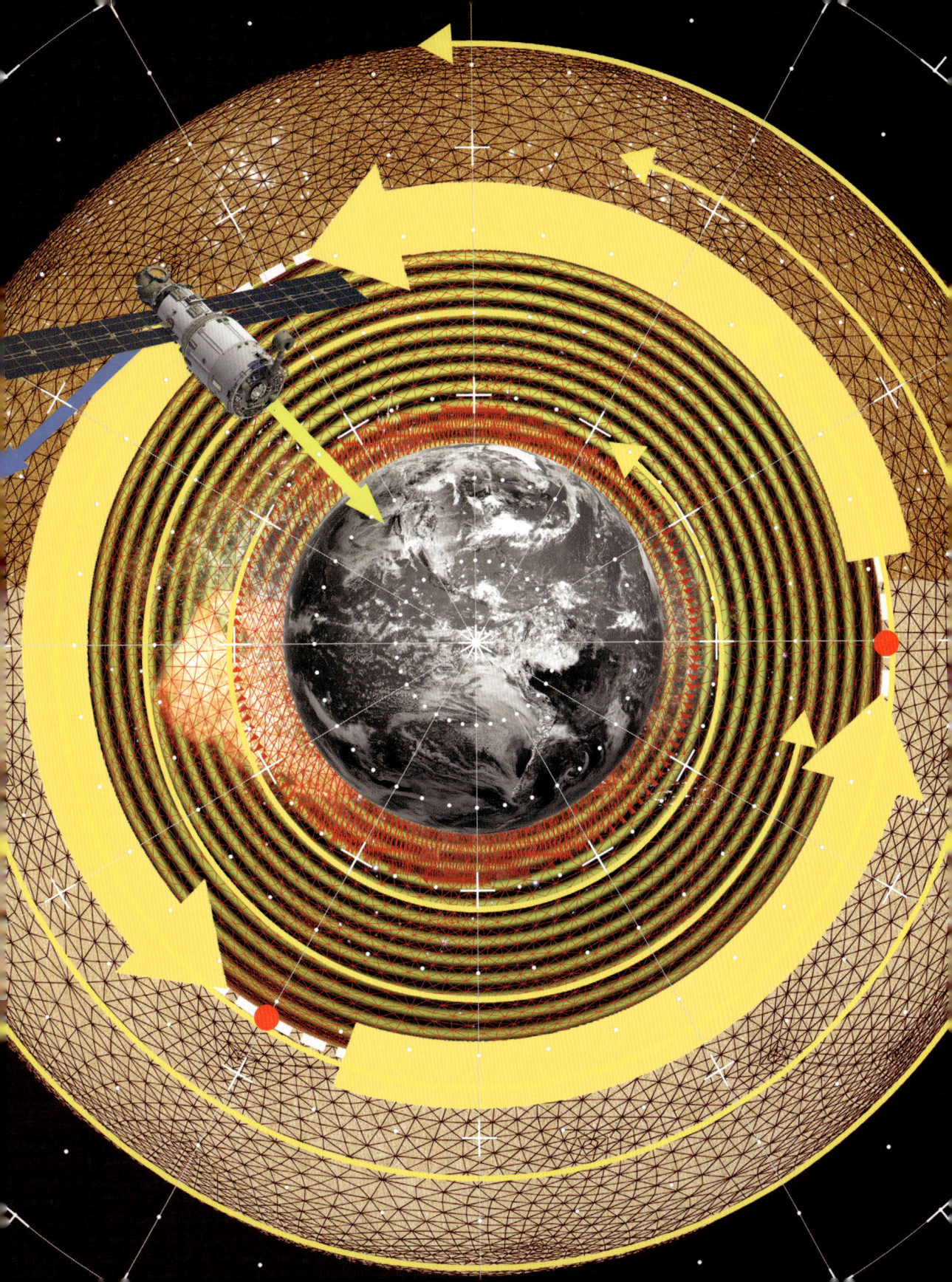

4. Januar 1643
Geburt in Woolsthorpe-
by-Colsterworth,
Lincolnshire

1661
Studium am *Trinity
College* in Cambridge

1665
Rückkehr nach Wools-
thorpe für achtzehn Mo-
nate. Erste Überlegungen
zur Gravitation

1667
Ernennung zum Fellow
des Trinity College

1669
Lucasischer Professor für
Mathematik in Cambridge

1671
Vorführung seines
Spiegelteleskops vor der
Royal Society

1672
Wahl zum Mitglied der
Royal Society

1687
*Philosophiae Naturalis
Principia Mathematica*

1696
Umzug nach London,
Warden in der *Royal Mint*

1700
Beförderung zum Master
der Münzprägeanstalt

1703
Präsident der *Royal
Society*

1704
Opticks

1705
Ritterschlag durch
Königin Anne

31. März 1727
Tod in Kensington bei
London

ISAAC NEWTON

Isaac Newton kam auf einem

Gutshof im ländlichen Lincolnshire zur Welt. Er hätte wohl den Hof übernommen, wären da nicht ein gelehrter Onkel und ein sympathischer Lehrer gewesen, die sein akademisches Potenzial erkannten. Sie sicherten ihm einen Studienplatz an der Universität Cambridge, wo er sich 1661 einschrieb. 1665 wurde die Universität kurz nach seinem Abschluss wegen einer Pestepidemie vorübergehend geschlossen, und Newton musste für einen längeren Urlaub in seine Heimat zurückkehren. Er führte dort seine Arbeit an der Lösung verschiedener wissenschaftlicher Probleme fort, die ihn schon als Student beschäftigt hatten. Auf dem Land konnte er sie eingehend untersuchen. Zwar fallen in diese Zeit keine Publikationen, aber er legte damals den Grundstein für seine großen Entdeckungen – und erlebte sein berühmtes Aha-Erlebnis mit dem Apfel, der vom Baum fiel.

1667 kehrte Newton nach Cambridge zurück und begann kurz darauf mit dem Bau eines neuartigen Teleskops mit Spiegeln statt Linsen. Das stellte sowohl in technischer als auch in wissenschaftlicher Hinsicht eine Herausforderung dar. Das Ergebnis war jedoch so beeindruckend, dass er die Aufmerksamkeit der führenden Wissenschaftler des Landes und Mitglieder der *Royal Society* in London auf sich zog. Sie nahmen Newton 1672 in ihre erlauchte Gesellschaft auf. Für eine Weile war er das Gesprächsthema der Wissenschaftlergemeinde. Leider zeichnete sich Newton jedoch durch eine ausgeprägte Kritikresistenz aus, und so entschied er sich schon bald für den Rückzug aus dem wissenschaftlichen Diskurs, statt seine Positionen zu verteidigen. Erst in den 1680er-Jahren wurde er insbesondere durch die Bemühungen von Edmund Halley, der nach einer mathematischen Theorie der Planetenbahnen suchte, in die wissenschaftliche Wettkampfarena zurückgeholt. Er ermutigte Newton zur Ausarbeitung einer solchen Theorie unter Heranziehung der anziehenden Wirkung der Gravitation, die dieser in *Philosophiae Naturalis Principia Mathematica* (*Mathematische Grundlagen der Naturphilosophie*) ausführlich beschrieben hatte.

Die *Principia* waren der erste systematische Versuch, eine ganze Reihe physikalischer Phänomene mathematisch zu erklären, und sicherten Newtons Ruf als führender Naturwissenschaftler. 1696 erhielt er den prestigeträchtigen Posten des Wardens der Königlichen Münze, und vier Jahre später wurde er zum Münzmeister befördert. Sein zweites großes Buch mit dem Titel *Opticks* erschien 1704, obwohl er die meisten Forschungen schon Jahrzehnte zuvor durchgeführt hatte. 1705 wurde Newton zum Ritter geschlagen. Er starb 1727 im Alter von 84 Jahren.

Andrew May

DIE SCHWACHE WECHSELWIRKUNG

30 Sekunden Theorie

3-SEKUNDEN-BLITZ

Die schwache Wechselwirkung ist die grundlegende Kraft hinter dem Wandel der Teilchen von Art zu Art, dem Beta-Zerfall und dem Fusionsprozess in der Sonne.

3-MINUTEN-GLÜHEN

Die schwache Wechselwirkung kann links und rechts unterscheiden: Bestimmte spiegelverkehrte Prozesse, kommen in Wirklichkeit gar nicht vor. Zum Beispiel neigen Neutrinos, die von der schwachen Wechselwirkung erzeugt werden, zur Drehung in nur einer Richtung (»Linkshänder«), während Anti-Neutrinos »Rechtshänder« sind. Möglicherweise besteht die dunkle Materie, die im Universum vorherrscht, aus WIMPs, massereichen Teilchen, die nur auf die schwache Wechselwirkung und auf die Gravitation reagieren.

Die schwache Wechselwirkung

gehört neben der elektromagnetischen und der starken Wechselwirkung sowie der Gravitation zu den vier Grundkräften und ist für den Wechsel von Teilchen zu einer anderen Teilchenart, beispielsweise beim radioaktiven Beta-Zerfall, sowie der Umwandlung von Wasserstoff in Helium in der Sonne verantwortlich. Ihr Name verweist darauf, dass ihre Wirkung in solchen Fällen wesentlich schwächer ist als diejenige der elektromagnetischen Wechselwirkung. Ihre mangelnde Stärke ist auch der Grund, warum die Sonne ihren Treibstoff äußerst langsam verbrennt. Wäre die schwache Wechselwirkung ähnlich stark wie die elektromagnetische, so wäre die Sonne schon lange ausgebrannt gewesen, bevor die Evolution Leben auf der Erde hätte erzeugen können. Die schwache Wechselwirkung wird durch W- oder Z-Bosonen übertragen, die etwa neunzigmal schwerer sind als ein Wasserstoffatom, aber ansonsten dem Photon der QED gleichen. Die enorme Energiemenge, die zur Materialisierung eines W- oder Z-Bosons benötigt wird, raubt der schwachen Wechselwirkung bei niedriger Energie die Kraft. Bei gigantischen Energiemengen, wie sie in den ersten Augenblicken nach dem Urknall vorhanden gewesen sein könnten, verliert sie jedoch ihre Schwäche und verschmilzt mit der elektromagnetischen Kraft zur elektroschwachen Wechselwirkung. Da Neutrinos nicht auf die starke und elektromagnetische Wechselwirkung reagieren, lässt sich damit die schwache Wechselwirkung nachweisen.

VERWANDTE THEMEN

PHOTONEN
Seite 40

QUANTENELEKTRODYNAMIK
Seite 68

DIE STARKE WECHSELWIRKUNG
Seite 90

3-SEKUNDEN-BIOGRAFIEN
CHEN NING YANG
geb. 1922

& TSUNG-DAO LEE
geb. 1926

Chinesisch-amerikanische Physiker, die 1957 für ihre Beiträge zur Entdeckung der Paritätsverletzung (Spiegelasymmetrien) in Prozessen, die von der schwachen Wechselwirkung bestimmt werden, den Nobelpreis erhielten.

30-SEKUNDEN-TEXT
Frank Close

Beim radioaktiven Beta-Zerfall verwandelt sich ein Neutron in ein Proton, das im Kern verbleibt, und ein Elektron, das freigesetzt wird, und wird zum Betateilchen.

DIE STARKE WECHSELWIRKUNG

30 Sekunden Theorie

3-SEKUNDEN-BLITZ
Atomkerne würden ohne die starke Wechselwirkung zwischen Neutronen und Protonen nicht überleben.

3-MINUTEN-GLÜHEN
Elektrische Kräfte in Atomen stellen die Quelle für chemische Energie und Sprengstoffe dar, die starke Wechselwirkung in Atomkernen dagegen die Quelle für Kernkraft und Kernwaffen. Nach der großen vereinheitlichten Theorie sind die starken, schwachen und elektromagnetischen Kräfte nur verschiedene Aspekte einer einzigen Kraft, die nach dem Urknall existierte und sich bei Energiemengen manifestieren könnte, die derzeit experimentell nicht zu erzeugen sind.

Die starke Wechselwirkung gehört neben der elektromagnetischen und der schwachen Wechselwirkung sowie der Gravitation zu den vier Grundkräften. Sie bindet Quarks und/oder Antiquarks zu Hadronen (stark wechselwirkenden Teilchen wie Protonen und Neutronen) und diese wiederum in Atomkernen zusammen. Ohne die starke Wechselwirkung würde die Abstoßung zwischen den Protonen im Kern diesen zerstören. Neutronen und Protonen ziehen einander mit derselben Stärke an wie ihre jeweilige Art. In einem Kern, in dem sich diese Teilchen in unmittelbarer Nähe befinden, ist diese starke Anziehungskraft über hundertmal stärker als die elektrische Abstoßung. Die Anzahl der Protonen, die so existieren können, kennt jedoch Grenzen, denn beim einzelnen Proton wirkt die Anziehungskraft nur zwischen ihm selbst und den unmittelbaren Nachbarn, während elektrische Störungen die ganze Gruppe beeinflussen. In einem großen Kern überwindet diese elektrische Störung die kleinräumige starke Anziehungskraft, sodass der Kern zerfällt. Mithilfe des Wechselspiels von starker Wechselwirkung und elektrischer Störung kann die relative Stabilität verschiedener Kombinationen von Neutronen und Protonen bestimmt werden. Kerne sind um Stabilität bemüht, die durch Anpassung des Neutronen-Protonen-Verhältnisses hergestellt werden kann: mittels Beta-Zerfall, der durch die schwache Wechselwirkung verursacht wird.

VERWANDTE THEMEN
PHOTONEN
Seite 40

QUANTENELEKTRODYNAMIK
Seite 68

DIE SCHWACHE WECHSELWIRKUNG
Seite 88

3-SEKUNDEN-BIOGRAFIEN
ERNEST RUTHERFORD
1871–1937
Aus Neuseeland stammender Physiker, der das Proton entdeckte

JAMES CHADWICK
1891–1974
Englischer Physiker, der das Neutron entdeckte

HIDEKI YUKAWA
1907–1981
Japanischer Physiker, der vorhersagte, dass die starke Wechselwirkung aus dem Austausch von Teilchen entsteht, die als Pionen bekannt sind

30-SEKUNDEN-TEXT
Frank Close

Diese starke Kraft wird bei der Explosion einer Wasserstoffbombe freigesetzt und versorgt die Sterne mit Energie.

FELD ODER TEILCHEN?

30 Sekunden Theorie

VERWANDTE THEMEN
ELEKTROMAGNETISMUS
Seite 80

DIE SCHWACHE WECHSEL-
WIRKUNG
Seite 88

DIE STARKE WECHSELWIRKUNG
Seite 90

3-SEKUNDEN-BLITZ

Die fundamentalen Kräfte können als das Resultat von Schwankungen in einem Feld betrachtet werden, das sich durch die Raumzeit erstreckt, oder durch den Austausch von Träger-teilchen.

3-MINUTEN-GLÜHEN

Richard Feynman sagte: »Ich möchte hervorheben, dass Licht [der Träger des Elektromagnetismus] in dieser Form auftritt – als Teilchen«, während Steven Weinberg kommentierte: »Die Bewohner des Univer-sums [sind] als eine Reihe von Feldern konzipiert … und Teilchen [sind] auf reine Epiphänomene be-schränkt.« In der Praxis helfen sowohl Felder als auch Teilchen bei der Vor-hersage der Wirkung der Grundkräfte, wobei jede Methode unter bestimmten Umständen nützlicher ist. Beides sind Modelle und nicht die äußere »Wirklich-keit«.

Die Naturkräfte werden oft mit

Hilfe der Feldtheorie beschrieben. Ein Feld ist eine Erscheinung, deren Werte von Ort zu Ort in der Raumzeit variieren. Die Höhe über dem Meeres-spiegel auf der Erde liefert ein zweidimensionales Bild eines Feldes. Jeder Punkt auf der Erde weist eine solche auf. Wir können Feldlinien auf einer Karte (Höhenlinien) zeichnen, die auf dieselbe Höhe verweisen. Das Ändern des Feldwertes eines Objekts setzt eine Energieübertragung voraus (bei-spielsweise, indem etwas vom Fuß zum Gipfel eines Berges befördert wird). Ebenso können Grund-kräfte wie der Elektromagnetismus als Resultat der Veränderung eines Feldes über Raum und Zeit verstanden werden – mit einem Wert für jeden Punkt in der vierdimensionalen Umgebung. Das ist jedoch nicht der einzige Ansatz. Es kann sinnvoll sein, eine Kraft als Ergebnis eines Austauschs von Trägerteilchen (Austauschteilchen) zwischen den beteiligten Materieteilchen zu betrachten. So lässt sich beispielsweise der Elektromagnetismus als Austausch von Photonen begreifen, den Träger-teilchen des Elektromagnetismus. Analoges gilt für die Gluonen, die massefreien Partikel, die die starke Wechselwirkung erzeugen, während W- und Z-Bosonen an der schwachen Wechselwirkung beteiligt sind. Auch die Gravitation kennt ein ent-sprechendes Teilchen, das Graviton, obwohl die all-gemeine Relativitätstheorie bei ihr einen anderen, geometrischen Ansatz verfolgt.

3-SEKUNDEN-BIOGRAFIEN
RICHARD FEYNMAN
1918–1988
Amerikanischer Physiker, dessen Diagramme die Rolle der Photonen bei der Übertragung der elektro-magnetischen Kraft zeigen

STEVEN WEINBERG
geb. 1933
Amerikanischer Physiker, der auf-zeigte, wie Elektromagnetismus und die schwache Wechselwirkung vereint werden können

30-SEKUNDEN-TEXT
Brian Clegg

Mithilfe der Feldtheorie zeichnen Physiker eine »Karte« der elektromag-netischen Kraft, aber auch die Zugrundelegung von Teilchen ist dienlich.

BEWEGUNG ◖

Beschleunigung Die momentane zeitliche Änderungsrate der Geschwindigkeit. Die Physik kennt sowohl eine positive (zunehmende Geschwindigkeit) als auch eine negative Beschleunigung (abnehmende Geschwindigkeit). Da die Geschwindigkeit eine vektorielle Größe ist, kann die Beschleunigung entweder eine Tempo- oder eine Richtungsänderung beinhalten.

Chemische Bindung In Molekülen die elektromagnetische Anziehungskraft zwischen Atomen, genauer zwischen den subatomaren Teilchen in den Atomen. Bei der stärkeren kovalenten Bindung teilen sich die Atome Elektronen, während die schwächere ionische Bindung durch die elektromagnetische Anziehung zwischen einem positiv geladenen Ion (einem Atom, das ein oder mehrere Elektronen verloren hat) und einem negativ geladenen Ion (einem Atom, das ein oder mehrere Elektronen dazugewonnen hat) erzeugt wird.

Drittes Newton'sches Gesetz Kräfte treten immer paarweise auf. Übt ein Körper A auf einen anderen Körper B eine Kraft aus (*actio*), so wirkt eine gleich große, aber entgegengerichtete Kraft von Körper B auf Körper A (*reactio*). Wenn man etwas stößt, so stößt dieses Etwas mit gleicher Kraft zurück. Beispiele hierfür sind der Rückstoß einer Waffe oder eines Raketenmotors, bei dem eine Kraft, die auf den Treibstoff rückwärts wirkt, eine entgegengesetzte Kraft hervorruft, die auf die Rakete vorwärts wirkt. Deshalb kann eine Rakete im Vakuum fliegen.

Erstes Newton'sches Gesetz (Trägheitsgesetz) Ein Körper verharrt im Zustand der Ruhe oder der gleichförmig geradlinigen Bewegung, sofern er nicht durch einwirkende Kräfte zur Änderung seines Zustands gezwungen wird.

Impuls In der klassischen Physik entspricht er der Masse eines Objekts multipliziert mit seiner Geschwindigkeit. In der Quantenphysik wird der Impuls berechnet, indem man die Planck-Konstante durch die dem Quantenteilchen zugeordnete Wellenlänge dividiert, die sowohl für massehaltige als auch für masselose Teilchen wie das Photon existiert.

Kinetische Energie Die Energie, die ein Objekt aufgrund seiner Bewegung enthält und die deshalb auch als Bewegungsenergie bezeichnet wird. Die Energie eines sich bewegenden Objekts beträgt die Hälfte seiner Masse multipliziert mit dem Quadrat seiner Geschwindigkeit. Eine Verdopplung der Geschwindigkeit vervierfacht somit die Bewegungsenergie.

Skalar Eine physikalische Größe, die allein durch die Angabe eines Zahlenwertes charakterisiert ist, wie die Masse (im Gegensatz zu vektoriellen Größen).

Trägheit Das Bestreben eines physikalischen Körpers, in seinem Bewegungszustand zu verharren und seine Geschwindigkeit nur zu ändern, wenn eine Kraft ihn beschleunigt oder verlangsamt.

Van-der-Waals-Kraft Elektromagnetische Anziehung oder Abstoßung zwischen Molekülen, die nicht auf die stärkere Wechselwirkung durch chemische Bindungen und Wasserstoffbrücken zurückzuführen ist.

Vektor Eine Größe, die einen numerischen Wert und eine Richtung hat. Die Geschwindigkeit setzt sich beispielsweise aus ihrem Betrag (dem »Tempo«, einem Skalar) und ihrer Richtung zusammen.

Wasserstoffbrückenbindung Besondere Form der elektromagnetischen Anziehung zwischen zwei Molekülen, bei der ein positiv geladenes Wasserstoffatom von einem anderen Atom angezogen wird, das im Verhältnis dazu negativ geladen ist. Das Musterbeispiel für eine Wasserstoffbrückenbindung ist Wasser, wo sie zwischen Wasserstoff und Sauerstoff besteht. Die Wasserstoffbrücke verändert die physikalischen Eigenschaften einer Substanz oft stark: Ohne Wasserstoffbrückenbindung läge der Siedepunkt von Wasser bei etwa –100 °C.

Zweites Newton'sches Gesetz Eine Bewegungsänderung ist proportional zur bewegenden Kraft und verläuft in Richtung der geraden Linie, in der die Kraft wirkt. Die Kurzform des Gesetzes lautet $F = ma$, wobei F die bewegende Kraft und m die Masse des Objekts ist, auf das die Kraft einwirkt. a bezeichnet die daraus resultierende Beschleunigung.

BEWEGUNG & GESCHWINDIGKEIT

30 Sekunden Theorie

VERWANDTE THEMEN
KRAFT & BESCHLEUNIGUNG
Seite 78

DAS GALILEI'SCHE
RELATIVITÄTSPRINZIP
Seite 102

DIE NEWTON'SCHEN GESETZE
Seite 104

3-SEKUNDEN-BIOGRAFIEN
ZENON VON ELEA
um 490–430 v. Chr.
Griechischer Philosoph, nach
dessen Paradoxien Bewegung unmöglich sein sollte

GALILEO GALILEI
1564–1642
Italienischer Naturphilosoph, der
Experimente zur Bewegung von
Körpern durchführte

ISAAC NEWTON
1643–1727
Englischer Physiker, der die Grundlagen der Dynamik in seinen drei
Bewegungsgesetzen formulierte

Mit »Geschwindigkeit« meinen

wir oft nur ihren Betrag, das »Tempo«, mit dem
sich ein Objekt in Bezug auf einen anderen, willkürlich als »fix« angenommenen Punkt fortbewegt.
Der Betrag der Geschwindigkeit wird berechnet,
indem man den zurückgelegten Weg durch die dafür aufgewendete Zeit dividiert, und entsprechend
in Längeneinheiten pro Zeiteinheit ausgedrückt: in
Metern pro Sekunde oder Kilometern pro Stunde.
Aus mathematischer Sicht ist die Geschwindigkeit jedoch eine skalare Größe mit Betrag und
Richtung und setzt sich aus dem »Tempo« und der
Bewegungsrichtung zum jeweiligen Zeitpunkt zusammen. Die Verwendung von Vektoren (und nicht
von Skalaren) ist in der Dynamik von grundlegender Bedeutung, einem Teilgebiet der Mechanik,
das sich mit der Art und Weise beschäftigt, wie
einwirkende Kräfte die Bewegung eines Objekts
verändern. Wie die Geschwindigkeit sind auch die
Kräfte Vektorgrößen. Wirkt eine Kraft in derselben
Richtung wie die Geschwindigkeit, so erhöht sich
diese, während die Richtung gleich bleibt. Wirkt
die Kraft jedoch in einem bestimmten Winkel
zur Bewegungsrichtung, ändern sich sowohl die
Richtung als auch der Betrag der Geschwindigkeit.
Wenn Newton uns mit seinem zweiten Gesetz
sagt, dass sich die Beschleunigung proportional
zur einwirkenden Kraft verhält, so meint er mit
»Beschleunigung« die kombinierte Änderung von
Betrag und Richtung der Geschwindigkeit.

3-SEKUNDEN-BLITZ
Die Geschwindigkeit ist
eine vektorielle Größe und
besteht aus ihrem Betrag
(dem »Tempo«) und ihrer
Richtung.

3-MINUTEN-GLÜHEN
Zur Analyse von Bewegung
greifen Physiker auf die
mathematischen Techniken
der Infinitesimalrechnung
und Differenzialgleichun-
gen zurück, mit denen sie
in unendlich kleine Stücke
aufgeteilt wird. Vor der
Erfindung dieser und ähn-
licher Methoden sorgte
das Thema selbst bei den
größten Denkern für Ver-
wirrung. So formulierte
der griechische Philosoph
Zenon von Elea, der einer
Denkschule angehörte, die
Veränderungen jeglicher
Art als Illusion betrachtete,
eine Reihe von Paradoxien,
nach denen Bewegung un-
möglich ist.

30-SEKUNDEN-TEXT
Andrew May

*Die Geschwindigkeit
bezeichnet die Entfer-
nung, die pro Zeiteinheit
zurückgelegt wird, hat
aber auch eine Richtung.*

IMPULS & TRÄGHEIT

30 Sekunden Theorie

Der Impuls eines Objekts wird berechnet, indem man seine Geschwindigkeit mit seiner Masse multipliziert. Er ist eine Erhaltungsgröße und bleibt somit innerhalb eines geschlossenen Systems konstant. Bei der Interaktion mehrerer Objekte kann es zu einem Impuls-Austausch kommen, doch der Gesamtimpuls bleibt immer gleich. Aufgrund der Impulserhaltung behält ein Objekt, das nicht mit seiner Umgebung interagiert, seinen aktuellen Bewegungszustand bei. Steht es still, so bleibt es an Ort und Stelle, und befindet es sich in Bewegung, so bewegt es sich mit konstanter Geschwindigkeit weiter. Dieses Widerstreben jeglicher Veränderung wird als Trägheitsprinzip bezeichnet und stellt die Grundlage für das erste Newton'sche Gesetz dar. Nach seinem zweiten Gesetz verändert sich der Impuls eines Objekts, auf das eine äußere Kraft einwirkt, proportional zu dieser Kraft. Da der Impuls als Produkt aus Masse und Geschwindigkeit definiert ist, verhält sich die Kraft, die man zur Änderung der Geschwindigkeit eines Objekts um einen bestimmten Betrag benötigt, proportional zu seiner Masse. Somit ist ein Objekt umso träger, je mehr Masse es aufweist.

3-SEKUNDEN-BLITZ
Impuls gleich Masse mal Geschwindigkeit. Der Gesamtimpuls eines geschlossenen Systems ändert sich nie: Ein isoliertes Objekt verharrt stets im selben Bewegungszustand.

3-MINUTEN-GLÜHEN
Die Masse in der Formel zur Berechnung des Impulses bezeichnet man auch als »träge Masse«, denn sie verleiht einem Objekt seine Trägheit. Die klassische Physik unterscheidet davon die »schwere Masse«, die in Newtons Formel für die Gravitation erscheint. Die beiden Größen sind aber offenbar identisch, denn experimentell konnte bisher kein Unterschied festgestellt werden.

VERWANDTE THEMEN
MASSE
Seite 18

KRAFT & BESCHLEUNIGUNG
Seite 78

GRAVITATION
Seite 82

3-SEKUNDEN-BIOGRAFIEN
GALILEO GALILEI
1564–1642
Italienischer Naturphilosoph, der das Trägheitsprinzip entdeckte

RENÉ DESCARTES
1596–1650
Französischer Philosoph, der eine Vorform des Gesetzes der Impulserhaltung ausarbeitete

ISAAC NEWTON
1643–1727
Englischer Physiker, der die Prinzipien von Trägheit und Impuls in Gesetze fasste

30-SEKUNDEN-TEXT
Andrew May

Die weiße Kugel überträgt ihren Impuls auf die anderen Kugeln und lässt sie auseinandersprengen.

DAS GALILEI'SCHE RELATIVITÄTSPRINZIP

30 Sekunden Theorie

Als Galileo Galilei behauptete, die

Erde umkreise die Sonne, lautete ein Haupteinwand seiner Gegner, dass wir ja dann eine Bewegung unseres Planeten spüren müssten. Er dachte über diesen offenbar berechtigten Einwand nach und erkannte, dass Bewegung immer relativ ist. Wenn wir uns mit konstanter Geschwindigkeit auf einer geraden Linie bewegen, können wir mit keinem mechanischen Experiment feststellen, ob wir uns nun in Bewegung befinden oder nicht. Und auf einem Schiff, das über einen See mit absolut glatter Oberfläche fährt, fällt ein Objekt von der Mastspitze auf das Deck zu Füßen des Mastes, als würde sich das Schiff nicht bewegen. Ein Pendel, das auf diesem Schiff hin und her schwingt, tut dies mit derselben Geschwindigkeit, ob sich das Schiff in Bewegung befindet oder stillsteht. Wenn wir in einem Zug oder einem Flugzeug sitzen, bleibt die Oberfläche der Flüssigkeit im Becher vor uns eben und Objekte bewegen sich nicht, solange das Transportmittel nicht beschleunigt. Somit spüren wir auch nichts davon, dass die Erde die Sonne mit einer Geschwindigkeit von etwa 1073 Stundenkilometern und Letztere das Zentrum der Milchstraße mit etwa 708 000 Stundenkilometern umkreist, während wir gemütlich auf dem Sofa sitzen.

VERWANDTE THEMEN
LICHTGESCHWINDIGKEIT
Seite 52

SPEZIELLE RELATIVITÄT
Seite 112

3-SEKUNDEN-BIOGRAFIEN
GALILEO GALILEI
1564–1642
Italienischer Naturphilosoph, der als Erster erkannte, dass jede Bewegung relativ ist

ALBERT MICHELSON
1852–1931
Amerikanischer Physiker, der die Bewegung der Erde durch den Äther zu messen versuchte

ALBERT EINSTEIN
1879–1955
Aus Deutschland stammender Physiker, der das Galilei'sche Relativitätsprinzip verallgemeinerte, um Experimente mit Licht mit einzubeziehen

30-SEKUNDEN-TEXT
Rhodri Evans

Wir können nur jonglieren, weil wir das Gefühl haben, still zu sitzen, obwohl wir zusammen mit der Erde durch den Weltraum rasen.

3-SEKUNDEN-BLITZ
Jede Bewegung ist relativ: Auch wer gerade ruhig dasitzt, saust mit einer Geschwindigkeit von mehr als 700 000 Kilometern pro Stunde durch den Weltraum!

3-MINUTEN-GLÜHEN
Nach dem Galilei'schen Relativitätsprinzip werden Geschwindigkeiten einfach addiert. Wenn jemand einen Ball mit einer Geschwindigkeit von zehn Stundenkilometern durch einen hundert Stundenkilometer schnellen Eisenbahnwagen rollt, so misst ein Beobachter auf dem Bahnsteig eine Ballgeschwindigkeit von 110 Stundenkilometern. Bei Geschwindigkeiten nahe der Lichtgeschwindigkeit funktioniert diese Addition nicht mehr. Die Galilei'sche Relativität erweist sich somit als Annäherung an Einsteins spezielle Relativitätstheorie bei niedrigen Geschwindigkeiten.

DIE NEWTON'SCHEN GESETZE

30 Sekunden Theorie

Die Newton'schen Gesetze erschienen erstmals 1687 in gedruckter Form, nämlich zu Beginn seiner *Philosophiae Naturalis Principia Mathematica* (Mathematische Grundlagen der Naturphilosophie). Das erste der drei Gesetze fasst das Trägheitsprinzip in Worte: »Ein Körper verharrt im Zustand der Ruhe oder der gleichförmig geradlinigen Bewegung, sofern er nicht durch einwirkende Kräfte zur Änderung seines Zustands gezwungen wird.« Das zweite Gesetz beschreibt, wie sich die Bewegung eines Objekts verändert, wenn eine Kraft darauf einwirkt: »Die Änderung der Bewegung ist der Einwirkung der bewegenden Kraft proportional und geschieht nach der Richtung derjenigen geraden Linie, nach welcher jene Kraft wirkt.« Da der Impuls der Masse eines Objekts multipliziert mit seiner Geschwindigkeit entspricht, folgt aus dem zweiten Newton'schen Gesetz, dass sich für ein Objekt mit der konstanten Masse m, auf das die Kraft F einwirkt, die daraus resultierende Beschleunigung a mit der bekannten Gleichung $F = ma$ berechnen lässt. Das dritte Gesetz – Aktion gleich Reaktion – lautet vollständig: »Kräfte treten immer paarweise auf. Übt ein Körper A auf einen anderen Körper B eine Kraft aus (*actio*), so wirkt eine gleich große, aber entgegengerichtete Kraft von Körper B auf Körper A (*reactio*).« Alle drei Gesetze ergeben sich letztlich aus der Impulserhaltung.

Der vom Raketentriebwerk erzeugte Zusatzimpuls ist gleich groß wie der Impuls der Abgase, aber entgegengesetzt.

REIBUNG

30 Sekunden Theorie

VERWANDTE THEMEN
KRAFT & BESCHLEUNIGUNG
Seite 78

KINETISCHE ENERGIE
Seite 122

WÄRME
Seite 138

3-SEKUNDEN-BIOGRAFIEN
GUILLAUME AMONTONS
1663–1705
Französischer Erfinder, der die
Gesetze der Trockenreibung ent-
deckte

DAVID TABOR
1913–2005
Englischer Physiker und Begründer der modernen Tribologie
(Reibungslehre)

3-SEKUNDEN-BLITZ
Reibung ist eine Kraft, die
der relativen Bewegung von
Oberflächen entgegenwirkt
und die kinetische Energie
in Wärme umwandelt.

3-MINUTEN-GLÜHEN
Überraschenderweise
hängt die Trockenreibung
nicht von der Gesamtgröße
der Kontaktflächen ab,
denn auch bei scheinbar
glatten Oberflächen ist
der echte Kontakt gering:
Mikroskopische Uneben-
heiten verhindern ihn,
sodass sich die Flächen nur
an wenigen Stellen berüh-
ren. Je enger der Kontakt,
desto größer die Reibung.
So bleibt Spachtelmasse an
der Wand haften, indem
sie unter Druck in winzige
Risse und Vertiefungen
eindringt. Ähnliches gilt für
die Haare an den Füßen des
Geckos.

Gott sei Dank, gibt es die Rei-
bung! Ohne sie würden Oberflächen unbehindert
aneinander vorbeigleiten und deshalb Gebäude
einstürzen. Wir könnten weder schwimmen noch
fahren, ja nicht einmal gehen. Reibung ist aber
auch lästig: Sie macht Maschinen ineffizient sowie
Schiffe und Flugzeuge langsamer und führt dazu,
dass sich bewegliche Teile wie Zahnrad und Knie-
gelenk abnutzen. Die Reibung wird vor allem durch
die Anziehungskräfte zwischen nahe beieinander
befindlichen Objekten verursacht, insbesondere
durch die sogenannten Van-der-Waals-Kräfte, die
auf die Wechselwirkungen zwischen Elektronen-
wolken in Atomen und Molekülen zurückgehen.
Diese Kräfte wirken nur auf winzige Distanzen
von wenigen Nanometern und sind schwächer
als chemische Bindungen. Bei großen Kontaktflächen können sie sich aber zu einer erheblichen
Kraft summieren – die starke Haftung der Füße
des Geckos beruht auf dieser Tatsache. Aber nicht
nur statische Kräfte verursachen Reibung, sie entsteht auch dynamisch aus der Relativbewegung.
Für diese Gleitreibung gelten als Ursachen neben
interatomaren Anziehungskräften die Verzahnung
oder Kollisionen winziger Unebenheiten auf den
Oberflächen. Reibung wandelt einen Teil der
kinetischen Energie des Gleitens in Wärme um.
Deshalb werden die Hände wärmer, wenn wir sie
aneinanderreiben. Sowohl infolge der Kollision von
Unebenheiten als auch der Wärmeabgabe nehmen
die Oberflächen beim Gleiten Schaden.

30-SEKUNDEN-TEXT
Philip Ball

*Die schwache elektrische
Wechselwirkung, die zwi-
schen allen Objekten auf
sehr kurze Distanz wirkt,
verursacht Reibung, die
sich ihrer Relativbewe-
gung entgegensetzt.*

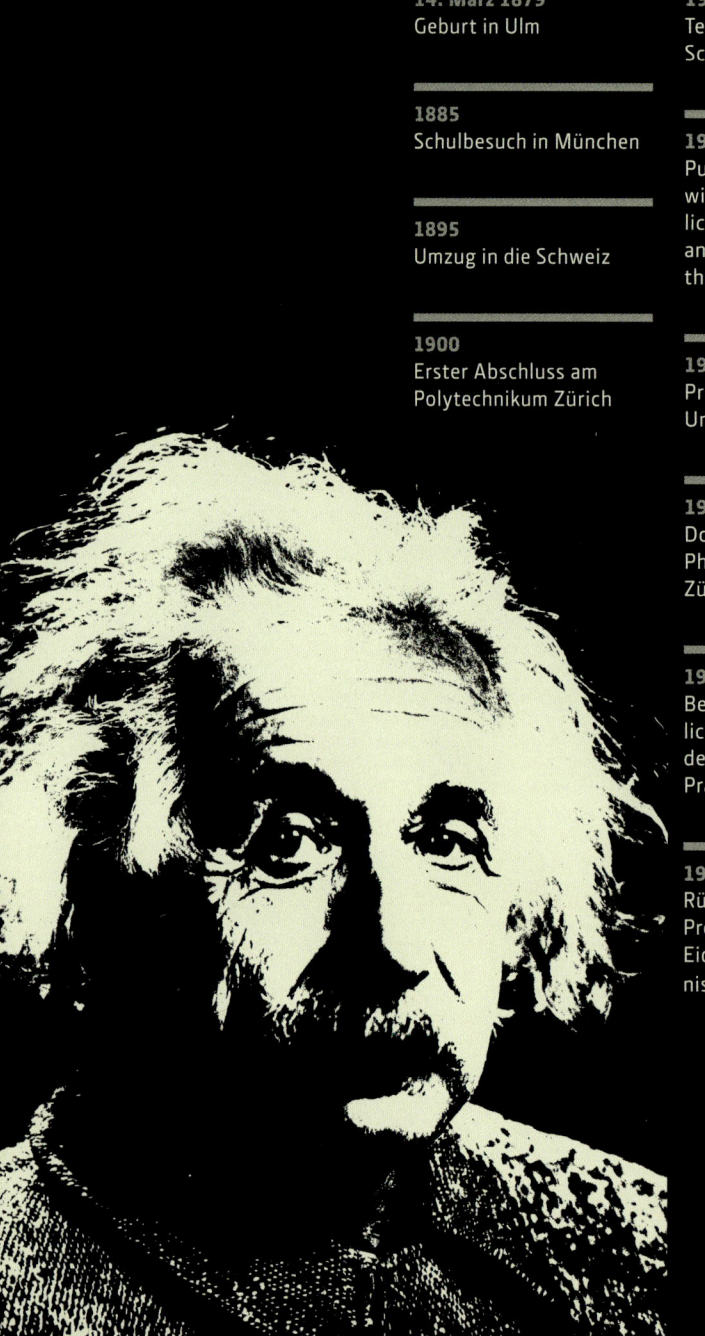

14. März 1879
Geburt in Ulm

1885
Schulbesuch in München

1895
Umzug in die Schweiz

1900
Erster Abschluss am
Polytechnikum Zürich

1902
Technischer Experte am
Schweizer Patentamt

1905
Publikation mehrerer
wichtiger wissenschaft-
licher Arbeiten, unter
anderem zur Relativitäts-
theorie.

1906
Promotion an der
Universität Zürich

1909
Dozent für theoretische
Physik an der Universität
Zürich

1911
Berufung zum ordent-
lichen Professor an der
deutschen Universität
Prag

1912
Rückkehr nach Zürich als
Professor an die
Eidgenössische Tech-
nische Hochschule (ETH)

1914
Professur in Berlin

1915
Allgemeine
Relativitätstheorie

1919
Relativität sorgt nach
Arthur Stanley Edding-
tons Sonnenfinsternis-
Expedition für Schlagzei-
len

1921
Nobelpreis für Physik

1933
Wechsel ans Institute for
Advanced Study in
Princeton, New Jersey

1939
Warnung an Präsident
Roosevelt vor den
militärischen Einsatz-
möglichkeiten von
Atomwaffen

18. April 1955
Tod in Princeton

ALBERT EINSTEIN

1880, als Albert Einstein ein

Jahr alt war, zog seine Familie nach München, wo sein Vater und sein Onkel zusammen ein Elektrogeschäft gründeten. Einstein verschlang den Lernstoff geradezu, konnte aber mit der Art, wie die Fächer in der Schule unterrichtet wurden, kaum etwas anfangen. Als das Familienunternehmen 1894 nach Italien übersiedelte, blieb der fünfzehnjährige Albert allein und unzufrieden in München zurück. Im folgenden Jahr verließ er die Schule, verzichtete auf die deutsche Staatsbürgerschaft und zog in die Schweiz. Sein Herz schlug für ein Physikstudium am Polytechnikum in Zürich. 1896, im zarten Alter von siebzehn Jahren, bestand er die für die Zulassung erforderliche schweizerische Matura. Leider sagte ihm der Unterrichtsstil am Polytechnikum ebenfalls nicht zu, und so gehörten auch dort Konflikte mit dem Lehrpersonal zum Alltag. Möglicherweise war dies der Grund dafür, dass er 1900, als er sein Studium abschloss, keine Anstellung im akademischen Bereich fand.

Nach fast zwei Jahren Arbeitssuche wurde er vom Schweizer Patentamt in Bern als technischer Experte dritter Klasse eingestellt. Dort blieb er für sieben Jahre und verfasste zugleich einige seiner größten wissenschaftlichen Arbeiten. Die Schreibtischarbeit, verbunden mit Warten auf Patentanmeldungen, ließ ihm reichlich Zeit, sich mit grundlegenden theoretischen Fragen im Zusammenhang mit aktuellen wissenschaftlichen Problemen zu beschäftigen. Im Laufe des Jahres 1905 veröffentlichte er nicht weniger als vier bahnbrechende Arbeiten zur Quantenmechanik, zur molekularen Dynamik sowie zur Relativität und präsentierte seine wohl berühmteste Gleichung $E = mc^2$. Diese Aufsätze waren in der Tat so revolutionär, dass die Wissenschaftsgemeinde ihre Bedeutung erst mit der Zeit erkannte. 1909 erhielt er schließlich eine akademische Vollzeitstelle als Dozent an der Universität Zürich. Nun gewann seine wissenschaftliche Karriere an Fahrt, und 1914 ging er nach zwei Professuren in Prag und Zürich nach Berlin, wo er lehrte und 1917 zum Direktor des Kaiser-Wilhelm-Instituts für Physik ernannt wurde.

1915 arbeitete Einstein die allgemeine Relativitätstheorie aus, sein Meisterwerk, das Newtons Theorie zur Gravitation ersetzte. Eine der damals völlig neuartigen Thesen, die Einstein im Rahmen seiner Theorie aufstellte, wurde vom englischen Astronomen Arthur Stanley Eddington während der Sonnenfinsternis von 1919 bestätigt. Dies brachte Einstein den Status einer internationalen Berühmtheit ein, den er für den Rest seines Lebens behielt. Er besuchte die Vereinigten Staaten mehrmals für einige Zeit und übersiedelte 1933 nach der Machtübernahme durch das NS-Regime für immer dorthin. Er nahm eine Forscherstelle am kurz zuvor gegründeten *Institute for Advanced Study* in Princeton an und blieb dort bis zu seinem Tod im Alter von 76 Jahren.

Andrew May

FLUIDDYNAMIK

30 Sekunden Theorie

3-SEKUNDEN-BLITZ
Die Fluiddynamik beschreibt die Bewegung von Fluiden (Flüssigkeiten und Gasen) und gründet auf den Newton'schen Gesetzen.

3-MINUTEN-GLÜHEN
Turbulente Fluidströme bewegen sich meist chaotisch und deshalb ab einem bestimmten Zeitpunkt nicht mehr vorhersehbar. Winzige, nicht messbare Störungen zu einem bestimmten Zeitpunkt können sich später ausbreiten und das gesamte Strömungsmuster für immer verändern. Aus diesem Grund sind Wettervorhersagen für mehr als etwa zehn Tage ein Ding der Unmöglichkeit. Unsere Daten und Computer können noch so gut sein – das vorprogrammierte Chaos macht das Wetter unberechenbar.

Die Zirkulation der Ozeane und der Atmosphäre, der Wasserfluss durch ein Rohr, in der Luft herumwirbelnde Rauchwolken und das Verhalten des flüssigen Eisens im Erdkern werden alle durch die Strömungsdynamik beschrieben. Das Teilgebiet für Flüssigkeiten bezeichnet man aufgrund der lange währenden Forschung zum Wasser als Hydrodynamik. Sie ist als äußerst komplexes Gebiet der Wissenschaft bekannt, aber nicht etwa, weil die zugrunde liegenden physikalischen Erscheinungen kompliziert wären, sondern wegen der dabei erforderlichen, schwer zu lösenden Navier-Stokes-Gleichungen. Sie wurden im 19. Jahrhundert erarbeitet und wenden das zweite Newton'sche Gesetz auf alle Teile des Fluids an. Damit lassen sich dessen Bewegungen aufgrund von einwirkenden Kräften wie Geschwindigkeit, Druck, Temperatur und Dichte an jeder Stelle einzeln und im Zusammenhang beschreiben. Für einige besonders einfache Strömungsformen können sie mit Stift und Papier gelöst werden, aber im Allgemeinen ist dies zu schwierig, da jeder Teil der Flüssigkeit jeden anderen beeinflusst. So werden die Gleichungen normalerweise am Computer gelöst: Dabei wird das richtige Strömungsmuster ermittelt und verfeinert. Von besonderer Komplexität sind turbulente Strömungen. Richard Feynman bezeichnete Turbulenzen als wichtigstes ungelöstes Problem der klassischen Physik.

VERWANDTE THEMEN
FLÜSSIGKEITEN
Seite 22

KRAFT & BESCHLEUNIGUNG
Seite 78

DIE NEWTON'SCHEN GESETZE
Seite 104

3-SEKUNDEN-BIOGRAFIEN
DANIEL BERNOULLI
1700–1782
Schweizer Mathematiker, der eines der ersten Bücher zur Hydrodynamik schrieb

GEORGE GABRIEL STOKES
1819–1903
Irischer mathematischer Physiker, der die grundlegenden Gesetze der Bewegung von Fluiden mit etablierte

OSBORNE REYNOLDS
1842–1912
Nordirischer Physiker, der den Übergang von glatten zu turbulenten Strömungen erklärte

30-SEKUNDEN-TEXT
Philip Ball

Komplexe Gleichungen beschreiben Bewegungen im Erdkern oder Wechselwirkungen von Ozeanen und Atmosphäre.

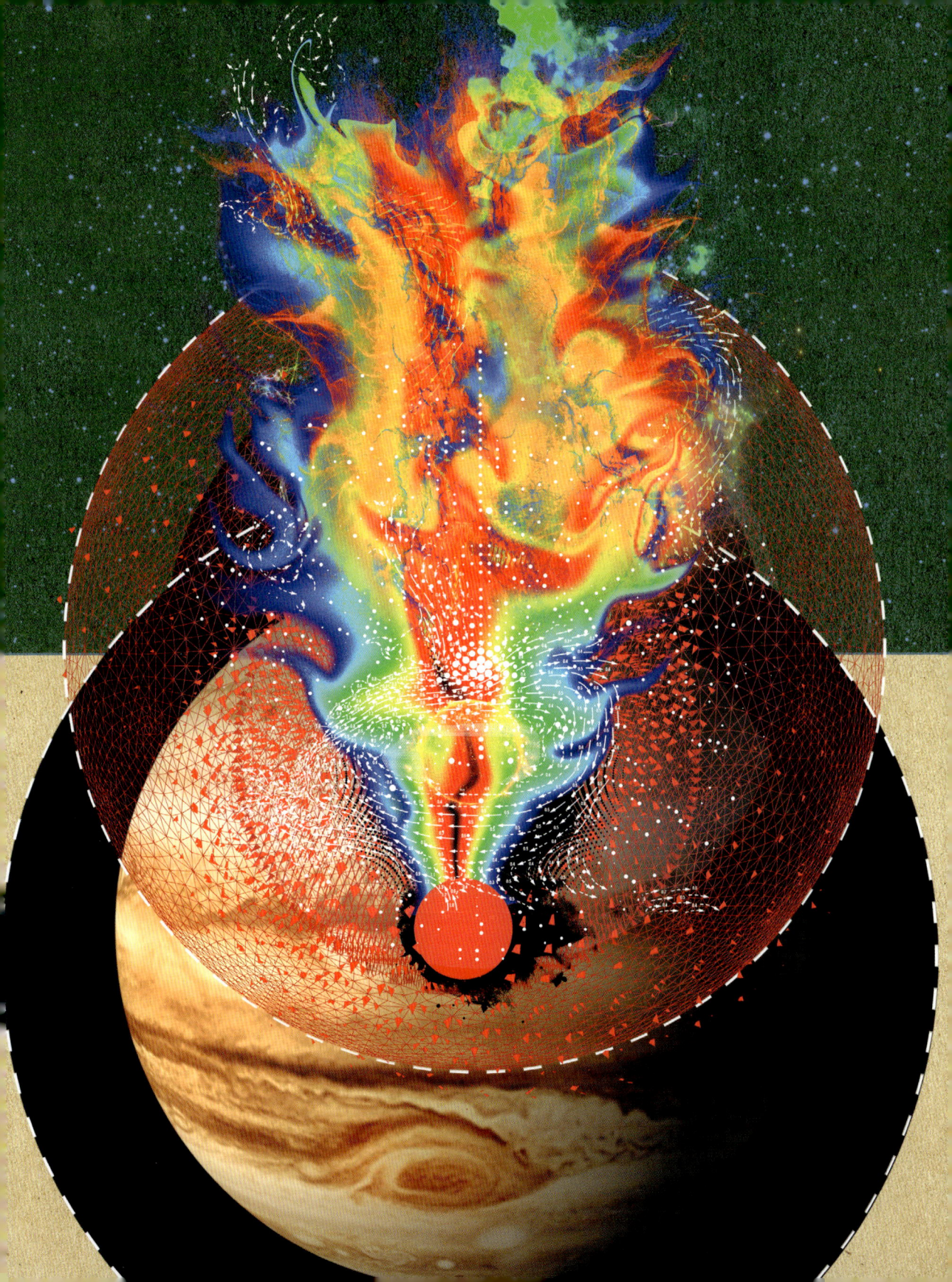

SPEZIELLE RELATIVITÄT

30 Sekunden Theorie

VERWANDTE THEMEN
LICHTGESCHWINDIGKEIT
Seite 52

ELEKTROMAGNETISMUS
Seite 80

DAS GALILEI'SCHE
RELATIVITÄTSPRINZIP
Seite 102

3-SEKUNDEN-BLITZ
Nach Einstein ist die Lichtgeschwindigkeit für alle gleich. Somit werden bei zunehmender Annäherung an die Lichtgeschwindigkeit Längen kürzer, während die Zeit sich dehnt.

3-MINUTEN-GLÜHEN
Aufgrund der Zeitdilatation könnte ein Zwilling theoretisch den anderen auf der Erde zurücklassen und nach einem (für ihn) fünfjährigen Raumflug zurückkehren, um festzustellen, dass die Schwester oder der Bruder zwanzig Jahre älter ist! Dieser Effekt wird tagtäglich in Teilchenbeschleunigern beobachtet. In unserem Alltag spielen die Effekte der speziellen Relativitätstheorie dagegen eine vernachlässigbare Rolle, denn wir bewegen uns mit einem Bruchteil der Lichtgeschwindigkeit.

Nach dem Galilei'schen Relativitätsprinzip kann man in einem geschlossenen Raum ohne Fenster stetige, nicht beschleunigte Bewegung nicht von Stillstand unterscheiden. Im ausgehenden 19. Jahrhundert behaupteten einige Physiker im Zuge der Erforschung des Elektromagnetismus, ein Experiment mit Licht müsste Galileis Behauptungen widerlegen. Albert Einstein wandte sich diesem Problem zu und brachte 1905 mit einem wegweisenden Aufsatz Licht in das relativistische Dunkel. Das Licht müsse sich mit einer bestimmten Geschwindigkeit bewegen, damit das Zusammenspiel von Elektrizität und Magnetismus funktioniere. Deshalb bleibe, so Einstein, die Lichtgeschwindigkeit in einem Vakuum immer gleich, egal wie schnell man sich darauf zubewege oder davon entferne. Eine der radikalen Folgen seiner Thesen lautete: Raum und Zeit sind nicht absolut. Beobachter, die sich mit unterschiedlichen Geschwindigkeiten bewegen, messen für ein Lineal unterschiedliche Längen, und eine Sekunde ist für sie nicht gleich lang. Die Zeit läuft langsamer, je mehr man sich der Lichtgeschwindigkeit annähert. Seine Überlegungen resultierten in der wohl berühmtesten Gleichung der Physik: $E = mc^2$ (Energie ist gleich Masse mal Lichtgeschwindigkeit im Quadrat). Somit ist Masse nichts anderes als eine konzentrierte Form von Energie. Die spezielle Relativitätstheorie hat auch zur Folge, dass die Lichtgeschwindigkeit eine kosmische Geschwindigkeitsbegrenzung darstellt: Nichts kann schneller sein.

3-SEKUNDEN-BIOGRAFIEN
HENDRIK ANTOON LORENTZ
1853–1928
Niederländischer theoretischer Physiker, dessen Transformationen Teil der Grundlage der speziellen Relativitätstheorie sind

HENRI POINCARÉ
1854–1912
Französischer Mathematiker, theoretischer Physiker und Philosoph

ALBERT EINSTEIN
1879–1955
In Deutschland geborener theoretischer Physiker, der unser Verständnis von Raum, Zeit und Schwerkraft revolutionierte

30-SEKUNDEN-TEXT
Rhodri Evans

Einsteins berühmte Gleichung hält uns vor Augen, dass Masse eine Form von Energie ist.

ENERGIE

Bindungsenergie Muss aufgewendet werden, um Teilchen zusammenzuhalten. Im Atomkern wird die Bindungsenergie durch die starke Wechselwirkung bereitgestellt. Bei leichten Atomen nimmt die zum Binden des Kerns benötigte Energie mit zunehmender Größe des Kerns ab. Somit wird Energie freigesetzt, wenn zusätzliche Teilchen in den Kern eingebunden werden: Das ist die Kernfusion. Bei Atomen, die schwerer sind als Eisen, wird für den Zusammenhalt zusätzliche Energie benötigt, und bei der Spaltung eines Atomkerns in kleinere wird Energie freigesetzt: Das ist die Kernspaltung.

Chemische Bindungsenergie (Dissoziationsenergie) Die Energie der Bindungen, die Atome zu Molekülen verbinden. Ist bei einer chemischen Reaktion die gesamte Bindungsenergie der Ausgangsmoleküle größer als diejenige der Produktmoleküle, wird bei der Reaktion Wärme abgegeben: Dies treibt die meisten biologischen Prozesse und die Verbrennung an. Bei einigen Reaktionen weisen die resultierenden Moleküle eine größere chemische Bindungsenergie auf als die Ausgangsmoleküle. Im Ergebnis nehmen solche Reaktionen Wärme auf, um zu funktionieren.

Große vereinheitlichte Theorie Vereint drei der vier Naturkräfte, nämlich die elektromagnetische, starke und schwache Wechselwirkung. Einige Theorien, so die Stringtheorie, versuchen, auch die Gravitation mit einzubeziehen, um die sogenannte Weltformel zu erhalten. Sie sind jedoch hochspekulativ und ermöglichen noch keine überprüfbaren Vorhersagen.

Impulserhaltung Eine ganze Reihe physikalischer Eigenschaften wie die Energie werden in einem geschlossenen System ohne Verbindung zum Außenuniversum erhalten – sie bleiben konstant. Eine dieser Eigenschaften ist der Impuls, in der klassischen Physik definiert als Masse eines Objekts multipliziert mit seiner Geschwindigkeit. In der Quantenphysik teilt man zu seiner Ermittlung die Planck-Konstante durch die dem Quantenteilchen zugeordnete Wellenlänge, die für Teilchen mit oder ohne Masse wie das Photon existiert.

Interatomare Anziehungskräfte Elektromagnetische Anziehung zwischen einzelnen Atomen oder Atomen in separaten Molekülen wie die Van-der-Waals-Kräfte, darunter die London-Kräfte, oder die Wasserstoffbrückenbindung, oder die Wasserstoffbrückenbindung. Die Anziehung erschwert die Trennung der verknüpften Atome oder Moleküle und führt zu Veränderungen der physikalischen Eigenschaften einer Substanz, wie z.B. einem erhöhten Siedepunkt.

Kinetische Energie Die Energie, die ein Objekt aufgrund seiner Bewegung enthält und die deshalb auch als Bewegungsenergie bezeichnet wird. Die Energie eines sich bewegenden Objekts beträgt die Hälfte seiner Masse multipliziert mit dem Quadrat seiner Geschwindigkeit. Eine Verdopplung der Geschwindigkeit vervierfacht somit die Bewegungsenergie.

Leistung Die Geschwindigkeit, mit der die Arbeit geleistet wird (die Menge der pro Zeiteinheit verbrauchten Energie).

London-Kräfte Die schwächste elektromagnetische Kraft, die zwischen Atomen in verschiedenen Molekülen wirkt und dadurch verursacht wird, dass die Elektronen im einen Atom mehr auf einer Seite konzentriert sind. Daraus ergibt sich eine leicht negative Ladung auf dieser und eine leichte positive auf der anderen Seite.

Potenzielle Energie Die Energie, die durch eine aktuelle Systemkonfiguration entsteht: Ein Beispiel ist die Gravitationsenergie, die zur Verfügung steht, sobald ein Objekt in die Höhe gehoben wird, oder die Energie, die in chemischen Bindungen gespeichert ist.

Proton Positiv geladenes Quantenteilchen, das im Atomkern am häufigsten vorkommt und aus drei Elementarteilchen besteht: zwei Up-Quarks und einem Down-Quark. Aus der Anzahl Protonen in einem Atom lässt sich auf das dazugehörige Element schließen, denn sie ist gleich der »Ordnungszahl« des betreffenden Elements. So besteht der Kern des einfachsten Atoms, des Wasserstoffs, nur aus einem Proton.

Vektor Eine Größe, die einen numerischen Wert und eine Richtung hat. Die Geschwindigkeit setzt sich beispielsweise aus ihrem Betrag (dem »Tempo«, einem Skalar) und ihrer Richtung zusammen.

ARBEIT & ENERGIE

30 Sekunden Theorie

3-SEKUNDEN-BLITZ
Energie ist der Motor, der Dinge bewegt und verändert, Arbeit die Energieübertragung von Ort zu Ort oder ihre Umwandlung von Form zu Form.

3-MINUTEN-GLÜHEN
Nach dem ersten Hauptsatz der Thermodynamik bleibt Energie, genauer gesagt Masse/Energie, in einem geschlossenen System erhalten. Somit kann keine Arbeit aus dem Nichts verrichtet werden. Ursprünglich war die Energieerhaltung eine Frage des gesunden Menschenverstands, physikalisch ergibt sie sich aus der zeitlichen Unveränderlichkeit des geschlossenen Systems. Die Quantenphysik dehnt die Erhaltung in zeitlicher Hinsicht aus, sodass Masse/Energie entstehen kann, solange sie nur für einen kurzen Zeitraum existiert.

Energie gehört zu den Begriffen, die wir gern und häufig verwenden, während die meisten von uns nicht genau wissen, wovon sie sprechen. Nach der speziellen Relativitätstheorie sind Masse und Energie gegenseitig umwandelbar, aber für praktische Zwecke reicht es, unter Energie die Erscheinung zu verstehen, die Veränderungen antreibt. Während Kraft ein Vektor mit Größe und Richtung ist, gehört die Energie zu den Skalaren (nur Größe). Die Energie wird in Joule gemessen, aber auch die veraltete Maßeinheit Kalorie ist weiterhin in Gebrauch, nämlich beim Energiegehalt der Nahrung. Dabei werden Nährwerte auf Lebensmittelverpackungen in der Regel in Kilokalorien (kcal) angegeben, aber Ernährungswissenschaftler und der Volksmund sprechen einfach von »Kalorien«. Energie, die von uns vor allem deshalb von Interesse ist, weil sie Arbeit verrichten kann, stammt aus den unterschiedlichsten Quellen. Arbeit ist dabei Energie, die von Ort zu Ort übertragen oder von Form zu Form umgewandelt wird. Wenn wir zum Beispiel unter Verbrauch von chemischer Energie aus unserem Körper ein Auto die Straße entlangschieben und ihm damit kinetische Energie verleihen – falls wir es bergauf schieben, auch potenzielle Energie –, verrichten wir Arbeit im Sinne der Physik.

VERWANDTE THEMEN
SPEZIELLE RELATIVITÄT
Seite 112

LEISTUNG
Seite 120

MASCHINEN
Seite 132

3-SEKUNDEN-BIOGRAFIEN
WILLIAM GROVE
1811–1896
Walisischer Physiker, der als Erster die Äquivalenz verschiedener Energieformen postulierte

JAMES PRESCOTT JOULE
1818–1889
Englischer Physiker, der das Verhältnis zwischen Wärme und mechanischer Arbeit klärte

EMMY NOETHER
1882–1935
Deutsche Mathematikerin, die den Zusammenhang zwischen Symmetrien in einem System und Erhaltungssätzen nachwies

30-SEKUNDEN-TEXT
Brian Clegg

Beim Bergaufschieben eines Autos verbrauchen wir chemische Energie, während es kinetische und potenzielle gewinnt.

LEISTUNG

30 Sekunden Theorie

3-SEKUNDEN-BLITZ
Die Leistung ist ein Maß für die Arbeitsgeschwindigkeit – die Energie, die pro Sekunde von der Quelle zum Ziel übertragen wird.

3-MINUTEN-GLÜHEN
Die in einem Kraftstoff vorhandene Energiemenge einerseits und die bei seinem Einsatz erzeugte Leistung andererseits sind ausschlaggebend für seine optimale Nutzung. So erzeugt beispielsweise Benzin pro Kilogramm rund fünfzehnmal mehr Energie als Trinitrotoluol (TNT). Der Sprengstoff setzt sie jedoch über einen viel kürzeren Zeitraum frei. Da die Leistung berechnet wird, indem man die Energie durch die Zeit dividiert, ist die vom TNT erzeugte Leistung und damit auch seine explosive Wirkung viel größer.

In der Alltagssprache ist das Wort »Leistung« mehrdeutig, in der Physik aber hat dieser Begriff wie alle anderen auch eine genau definierte Bedeutung: der Quotient aus verrichteter Arbeit oder dafür aufgewendeter Energie und der benötigten Zeit. Arbeit ist dabei die Übertragung von Energie und Leistung die Übertragungsrate, zum Beispiel durch ein elektrisches Kabel oder einen Motor. Die Leistung wird entsprechend in Joule pro Sekunde, besser bekannt als Watt, gemessen. Somit entspricht die Lieblingseinheit unserer Energieversorger, die Kilowattstunde, eher »merkwürdigen« 3 600 000 Joule. Aus mechanischer Sicht entspricht die übertragene Energie der Kraft multipliziert mit dem vom Objekt, auf das sie einwirkt, zurückgelegten Weg. Die Leistung berechnet man somit mit der Formel Kraft mal Weg geteilt durch Zeit oder Kraft mal Geschwindigkeit, denn Letztere entspricht bekanntlich dem im Laufe der Zeit zurückgelegten Weg. Eine Pferdestärke, ursprünglich von James Watt zum Vergleich der Leistung von Pferden und Dampfmaschinen eingeführt und heute noch zur Angabe der Leistung von Motoren verwendet, entspricht 0,735 Kilowatt.

VERWANDTE THEMEN
DIE NEWTON'SCHEN GESETZE
Seite 104

ARBEIT & ENERGIE
Seite 118

MASCHINEN
Seite 132

WÄRMEKRAFTMASCHINEN
Seite 140

3-SEKUNDEN-BIOGRAFIEN
JAMES WATT
1736–1819
Schottischer Ingenieur, nach dem die Einheit der Leistung benannt ist

MICHAEL FARADAY
1791–1867
Englischer Forscher, der Grundlagen für die Entwicklung des Elektromotors schuf

KARL BENZ
1844–1929
Deutscher Ingenieur, der wohl als Erster einen Verbrennungsmotor in einem Auto benutzte

30-SEKUNDEN-TEXT
Brian Clegg

»Pferdestärken« als Maß für die Leistung stammen vom Erfinder der Dampfmaschine James Watt.

KINETISCHE ENERGIE

30 Sekunden Theorie

3-SEKUNDEN-BLITZ
Kinetische Energie ist die Energie der Bewegung: Je schneller sich ein Objekt bewegt, desto mehr kinetische Energie besitzt es.

3-MINUTEN-GLÜHEN
Auf atomarer Ebene hängt die kinetische Energie von der Temperatur ab. Je heißer ein Objekt ist, desto schneller bewegen sich seine Atome oder Moleküle. Bei Erreichen des absoluten Nullpunkts (−273,15 °C = 0 Kelvin) käme jede Bewegung zum Stillstand. Dies verstößt jedoch gegen das Heisenberg'sche Unschärfeprinzip, nach dem Ort und Impuls nicht gleichzeitig exakt bekannt sein können. Somit wird der absolute Nullpunkt nie erreicht. Wissenschaftler haben jedoch Objekte auf wenige Tausendstel Kelvin abgekühlt.

Als kinetische Energie wird die

Energie bezeichnet, die ein Objekt aufgrund seiner Bewegung aufweist. Alle in Bewegung befindlichen Objekte, sowohl sehr große wie Sterne und Planeten als auch winzige wie Moleküle und Atome, besitzen kinetische Energie. Ihre Größe ist proportional zur Masse und der Geschwindigkeit des betreffenden Objekts im Quadrat. Bei doppelter Masse und konstanter Geschwindigkeit verdoppelt sich dessen kinetische Energie, bei konstanter Masse und doppelter Geschwindigkeit vervierfacht sie sich. Somit weist ein Auto, das mit 65 Stundenkilometern fährt, beinahe doppelt so viel kinetische Energie auf wie ein Wagen, der sich mit 50 Stundenkilometern fortbewegt. Hieraus wird deutlich ersichtlich, warum die Reduzierung der Höchstgeschwindigkeit in bebauten Gebieten so wichtig ist. Energie wird in der Regel von einer Form in eine andere umgewandelt. Wenn die kinetische Energie eines Objekts zunimmt, muss folglich dieser Energiegewinn eine Quelle haben. Beim Auto ist dies beispielsweise die Energie der Treibstoffgemischexplosion in den Zylindern des Motors, die in die kinetische Energie der Kolben umgewandelt wird und so das Auto antreibt. Bei der Abbremsung eines Fahrzeugs wird die verlorene kinetische Energie hauptsächlich in Wärme umgewandelt, sodass Bremsbeläge und -scheiben sehr heiß werden.

VERWANDTE THEMEN
DIE HEISENBERG'SCHE UNSCHÄRFERELATION
Seite 64

ARBEIT & ENERGIE
Seite 118

POTENZIELLE ENERGIE
Seite 124

3-SEKUNDEN-BIOGRAFIEN
WILLEM JACOB 'S GRAVESANDE 1688–1742
Niederländischer Naturforscher, der aufzeigte, dass die kinetische Energie proportional zur Geschwindigkeit im Quadrat ist

WILLIAM THOMSON 1824–1907
Nordirischer Physiker, der den Begriff »kinetische Energie« prägte

LUDWIG BOLTZMANN 1844–1906
Österreichischer Physiker, der neben James Clerk Maxwell die kinetische Gastheorie ausarbeitete

30-SEKUNDEN-TEXT
Rhodri Evans

Die Moleküle stehen beim absoluten Nullpunkt still, aber diese Temperatur kann in der Praxis nicht erreicht werden.

POTENZIELLE ENERGIE

30 Sekunden Theorie

VERWANDTE THEMEN
ARBEIT & ENERGIE
Seite 118

KINETISCHE ENERGIE
Seite 122

KERNENERGIE
Seite 128

3-SEKUNDEN-BIOGRAFIEN
ALESSANDRO VOLTA
1745–1827
Italienischer Physiker, der die Batterie erfand

WILLIAM RANKINE
1820–1872
Schottischer Ingenieur, der das Konzept der potenziellen Energie in der Physik einführte

30-SEKUNDEN-TEXT
Rhodri Evans

3-SEKUNDEN-BLITZ
Als potenzielle Energie bezeichnet man die Energie, die etwas aufgrund seiner Lage oder seiner chemischen oder physikalischen Struktur gespeichert hat.

3-MINUTEN-GLÜHEN
Auch die Atomkerne weisen potenzielle Energie auf. Veränderungen in der Struktur oder der Zusammensetzung der Atomkerne führen zu einer Freisetzung von Energie in Form von Radioaktivität, Wärme oder Licht. Die in dieser Form gespeicherte Energie ist pro Kilogramm Masse erheblich größer als die als chemische potenzielle Energie gespeicherte.

Potenzielle Energie ist die gespeicherte Energie, die ein Objekt entweder aufgrund seiner Lage oder seiner inneren Eigenschaften besitzt. Die potenzielle Energie tritt in zahlreichen Arten auf, darunter als chemische, gravitative oder Spannenergie. Eine Batterie weist ein chemisches Potenzial auf, das in elektrische Energie umgewandelt werden kann, indem man ein Kabel mit ihren Klemmen verbindet und den Stromkreis schließt. Ein Objekt auf der Spitze eines Gebäudes hat ein Gravitationspotenzial, das in kinetische Energie umgewandelt wird, wenn das Objekt zu Boden fällt. Dabei gewinnt es ständig an Geschwindigkeit und damit an kinetischer Energie, wobei diese Zunahme an kinetischer Energie genau dem Verlust an potenzieller Gravitationsenergie entspricht. Wenn wir eine Uhr aufziehen, speichern wir Energie in ihrer Feder, die sie darauf allmählich abgibt, um das Uhrwerk anzutreiben und die Zeiger der Uhr im Kreis zu bewegen. Ein Pendel wandelt Energie zwischen gravitativer potenzieller und kinetischer Energie hin und her um. Die kinetische Energie des Pendelkörpers ist an beiden Enden des Schwungs gleich null, während seine potenzielle Energie das Maximum erreicht. Dagegen erreicht die kinetische Energie in der Mitte des Schwungs das Maximum, die potenzielle Energie aber das Minimum.

Ein schwingendes Pendel wandelt laufend potenzielle in kinetische Energie um und wieder zurück.

PE = MAX

PE = MAX

KE = MAX

CHEMISCHE ENERGIE

30 Sekunden Theorie

3-SEKUNDEN-BLITZ
Im Laufe chemischer Reaktionen wird bei der Bildung und Brechung von Atombindungen chemische Energie freigesetzt bzw. absorbiert. Elektronen verbinden Atome zu Molekülen, und diese Bindungen speichern Energie.

3-MINUTEN-GLÜHEN
Der Treibstoff von uns Menschen ist chemische Energie. Unsere Nahrung enthält Kohlenhydrate, Fette und Proteine, komplexe Kohlenstoff-Wasserstoff-Moleküle. In den Bindungen zwischen ihren Atomen ist chemische Energie gespeichert, die bei chemischen Reaktionen in den Zellen unseres Körpers freigesetzt wird. Bekannt als Zellatmung liefern sie die Energie für die Muskelbewegungen, die Denkarbeit des Gehirns und die Aufrechterhaltung des Stoffwechsels.

Chemische Energie treibt die Welt

an. In Kohle- und Gaskraftwerken oder Benzin- und Dieselmotoren setzt die Verbrennung, eine chemische Reaktion zwischen Kohlenwasserstoffmolekülen in Holz, Kohle, Gas, Benzin oder Öl und Sauerstoffmolekülen in der Atmosphäre, Energie frei. Bei der Reaktion entstehen gasförmiges Kohlendioxid und Wasserdampf sowie Energie in Form von Wärme und Licht. Diese chemische Energie wird frei, während Bindungen zwischen Atomen gebrochen und neue gebildet werden. Die Bindungen zwischen Kohlenstoff- und Wasserstoffatomen in Kohlenwasserstoffmolekülen sowie zwischen den einzelnen Sauerstoffatomen der Sauerstoffmoleküle haben mehr Energie gespeichert als die Bindungen zwischen denselben Atomen in Wasser- und Kohlendioxidmolekülen. Diese überschüssige chemische Bindungsenergie wird bei der Verbrennung als Wärme und Licht freigesetzt. Von den unzähligen Reaktionen mit Beteiligung einer großen Bandbreite von Chemikalien setzen die einen chemische Energie frei, andere absorbieren sie. Sprengstoffe in Bomben, Gewehrkugeln und Feuerwerken setzen ihre chemische Energie schnell frei. Pflanzen absorbieren Energie aus dem Sonnenlicht, um die Umwandlung von Kohlendioxid und Wasser in die komplexen Moleküle des Lebens zu ermöglichen, die diese zusätzliche Energie in ihren chemischen Verbindungen speichern.

VERWANDTE THEMEN
ARBEIT & ENERGIE
Seite 118

KINETISCHE ENERGIE
Seite 122

3-SEKUNDEN-BIOGRAFIEN
ANTOINE LAVOISIER
1743–1794
Französischer Chemiker, der erkannte, dass die Verbrennung eine chemische Reaktion ist, die Sauerstoff benötigt

JOSIAH WILLARD GIBBS
1839–1903
US-Physiker, der entdeckte, dass die in Chemikalien gespeicherte Energie Reaktionen in Gang setzt

GILBERT NEWTON LEWIS
1875–1946
US-Chemiker, dessen Theorien zur Elektronenbindung unser Verständnis von chemischer Energie untermauern

30-SEKUNDEN-TEXT
Leon Clifford

Kraftstoffreaktion. Kohlenwasserstoffe verbinden sich mit Sauerstoff. Wärme, Licht, Wasserdampf und CO_2 entstehen.

KERNENERGIE

30 Sekunden Theorie

Die Kernenergie, die Sonne und

Sterne am Leben hält und das Erdinnere erwärmt, wird aus den Kernen im Herzen der Atome freigesetzt. Sie bestehen aus Protonen und Neutronen, nur der Wasserstoffkern besteht aus einem einzigen Proton. Elemente, deren Atome schwerer als die von Wasserstoff sind, weisen mehr als ein Proton auf. Diese positiv geladenen Partikel stoßen einander ab. Für die Neutralisierung der elektrischen Abstoßung ist eine Kraft verantwortlich, die Protonen und Neutronen bindet, wobei deren Energie im Kern gespeichert wird. Die Menge gespeicherter Kernbindungsenergie hängt von der Größe des Kerns ab. Bei der Verschmelzung von Atomkernen leichterer Elemente in Kernfusionsreaktionen, beispielsweise in Sternen oder bei der Explosion einer Wasserstoffbombe, wird ein Teil dieser Bindungsenergie freigesetzt, da sie in den dabei entstandenen größeren Kernen nicht mehr benötigt wird. Das gilt jedoch nicht für die Atomkerne von Elementen, die schwerer sind als Eisen wie Uran. Diese setzen Energie frei, wenn sie sich spalten, und nicht, wenn sie miteinander verschmelzen. Die Kernspaltung findet in Kernreaktoren statt und erwärmt beim radioaktiven Zerfall auch das Erdinnere. Sowohl bei der Kernfusion als auch bei der Kernspaltung wird überschüssige Bindungsenergie aus den Atomkernen freigesetzt – die Quelle der Kernenergie.

3-SEKUNDEN-BLITZ
Kernenergie wird freigesetzt, wenn Kerne von Atomen, die leichter als Eisen sind, miteinander verschmelzen oder von Atomen, die schwerer als Eisen sind, sich spalten.

3-MINUTEN-GLÜHEN
Wir sind alle Produkte der Kernfusion. Kohlenstoff, Sauerstoff sowie sämtliche Spurenelemente, aus denen sich unser Körper zusammensetzt, sind im Kernschmelzofen im Herzen von Riesensternen entstanden, die vor Milliarden von Jahren explodierten. Darauf erzeugte eine Kette Kernfusionsreaktionen, die mit Wasserstoffatomen begann, zunehmend schwerere Elemente: Beryllium, Lithium, Kohlenstoff, Stickstoff, Sauerstoff usw. Somit besteht jeder Einzelne von uns aus Sternenstaub.

VERWANDTE THEMEN
DIE STARKE WECHSEL-WIRKUNG
Seite 90

ARBEIT & ENERGIE
Seite 118

KINETISCHE ENERGIE
Seite 122

3-SEKUNDEN-BIOGRAFIEN
ALBERT EINSTEIN
1879–1955
Aus Deutschland stammender Physiker, mit dessen Gleichung $E = mc^2$ man die bei Kernreaktionen freigesetzte Energie berechnet

ARTHUR EDDINGTON
1882–1944
Englischer Astronom, der die Kernfusion als Mechanismus der Sterne vorschlug

30-SEKUNDEN-TEXT
Leon Clifford

Kernspaltung. Uran-235 erhält ein Neutron, dann teilt sich Uran-236 in Krypton und Barium auf und setzt Energie frei.

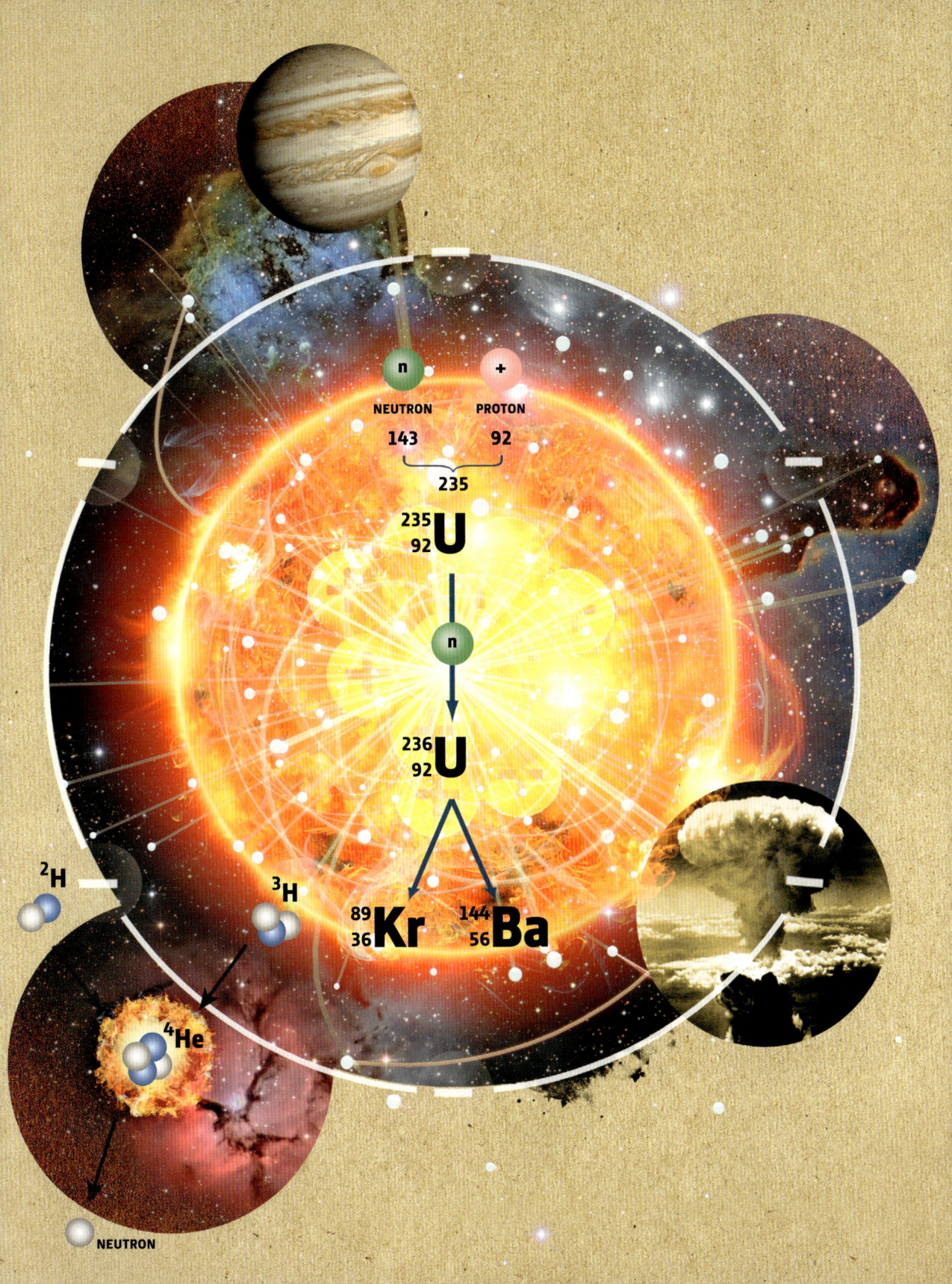

30. August 1871
Geburt in Spring Grove
(heute Brightwater),
Neuseeland

1886
Stipendiat an der
renommierten Nelson
Collegiate School

1892
Bachelor of Arts am
Canterbury College in
Christchurch

1893
Master in Naturwissen-
schaften mit Auszeich-
nung

1894
Stipendium für das
Studium an der Univer-
sität Cambridge

1898
Berufung zum Professor
an der McGill University
in Montreal

1898–1903
Wichtige Forschungen zur
Radioaktivität; identifi-
ziert den Alpha- und den
Beta-Zerfall und prägt
den Begriff »Gamma-
Zerfall« für einen dritten
Typ

1908
Berufung zum Professor
an die Manchester
University

1908
Nobelpreis für Chemie

1911
Entdeckung des Atom-
kerns

1917
Bei der Beschießung von
Stickstoffatomen mit
Alpha-Teilchen wird
Stickstoff in Sauerstoff
umgewandelt. Identifizie-
rung eines positiv
geladenen Teilchens im
Kern

1919
Rückkehr nach Cambridge als
Direktor der *Cavendish
Laboratories*

1920
Namensgebung für das
positiv geladene Teilchen
im Kern, das Proton

19. Oktober 1937
Tod in Cambridge im Alter
von 67 Jahren

ERNEST RUTHERFORD

Ernest Rutherford kam 1871 als

Sohn eines aus Schottland eingewanderten Land-
arbeiters und einer aus England eingewanderten
Lehrerin in Neuseeland zur Welt. Schon als Kind
ließ er ein außerordentliches wissenschaftliches
Talent erkennen. Mit fünfzehn Jahren erhielt er
ein Stipendium für den Besuch der renommierten
Nelson Collegiate School – mit den besten je bei
ihren Aufnahmeprüfungen erzielten Noten. 1892
verlieh ihm das Canterbury College in Christchurch den Bachelor- und im Jahr darauf den
Master-Grad mit Auszeichnung. 1894 erhielt er als
einziger Neuseeländer ein *1851 Great Exhibition*-
Stipendium für das Studium in Cambridge.

In Cambridge forschte er am Cavendish-
Laboratorium der dortigen Universität unter der
Leitung von Joseph John Thomson, der 1897 das
Elektron entdeckt hatte. Nach ersten Arbeiten
an einem empfindlichen Detektor für elektromagnetische Strahlung wandte sich Rutherford
dem Phänomen der Radioaktivität zu, das Henri
Becquerel 1896 zufällig entdeckt hatte. Die
radioaktive Emission stellte sich schon bald als
komplexeres Phänomen heraus, als ursprünglich
angenommen. Rutherford identifizierte vorerst
zwei Arten: die Alpha- und Betastrahlung. Einige
Jahre später prägte er die Bezeichnung »Gammastrahlung« für eine dritte Art von radioaktivem
Zerfall. Nach vier Jahren in Cambridge wurde
Rutherford eine Professur an der McGill University in Montreal angeboten. Er nahm sie an und
entdeckte dort das Phänomen der radioaktiven
Halbwertszeit. »Für seine Untersuchungen zum
Zerfall der Elemente und zur Chemie der radioaktiven Stoffe« wurde er 1908 mit dem Nobelpreis für Chemie ausgezeichnet.

In jenem Jahr kehrte Rutherford nach England
zurück und trat eine Professur an der Manchester
University an. Dort machte er seine wohl
berühmteste Entdeckung, als er 1911 in einem
Experiment mit Hans Geiger und Ernest Marsden
Alpha-Partikel auf eine Goldfolie abfeuerte. Ganz
entgegen ihrer Erwartung prallten einige der
Partikel ab. Somit musste das Atom einen sehr
dichten und massereichen Kern haben. Diese
Art der Teamarbeit war typisch für den umgäng-
lichen Rutherford und trug wesentlich zur Trans-
formation der Physik von Einzelforschungen hin
zur Arbeit in Forschergruppen bei.

1917 beschoss er Stickstoffgas mit Alpha-
teilchen und stellte fest, dass es sich in Sauerstoff
umwandelte. Bei diesem Experiment wurde zum
ersten Mal ein Element künstlich in ein anderes
umgewandelt. So gingen die Träume der Alche-
misten in Erfüllung, wenn auch in einer Weise, die
sie sich selbst nie hätten vorstellen können. Zwei
Jahre später übertrug ihm Thomson die Leitung
der Cavendish Laboratories. So wurde er zum
»Elder Statesman« der britischen Wissenschaft.
1931 geadelt, verstarb Ernest Rutherford 1937 in
Cambridge.

Rhodri Evans

MASCHINEN
30 Sekunden Theorie

3-SEKUNDEN-BLITZ
Maschinen sind Geräte, die Energie nutzen, um Aufgaben zu erfüllen. Oft ist dies mit der Umwandlung der Energie von einer Form in eine andere verbunden.

3-MINUTEN-GLÜHEN
Nicht alle Maschinen sind menschliche Erfindungen. Biologen sprechen heute beispielsweise von der lebenden Zelle als einer Ansammlung molekularer Maschinen oder Nanomaschinen. Dabei handelt es sich um Makromoleküle wie Proteine, die lebenswichtige Aufgaben übernehmen. Dazu gehören auch solche, wie sie von großen künstlichen Maschinen erledigt werden: mechanische Bewegungen (linear und rotierend), Signalerfassung und selbst Logikverarbeitung. Nanotechnologen studieren diese natürlichen Musterbeispiele, um eines Tages synthetische Nanomaschinen bauen zu können.

Was wären wir ohne Maschinen?

Sie pflügen unsere Felder, waschen unsere Kleidung, fahren uns herum und speichern unsere Informationen. Es sind Geräte, die eine – vorzugsweise nützliche – Tätigkeit übernehmen. Meist wandeln die Maschinen dabei Energie um – ein Wasserrad beispielsweise die kinetische Energie des fließenden Wassers in mechanische zum Mahlen von Getreide oder eine Pumpe mechanische bzw. elektrische Energie in die potenzielle des in die Höhe gepumpten Wassers. Ganz einfache Maschinen wie der Keil und der Hebel übertragen nur Kraft, die ausgeklügeltsten beanspruchen, intelligent zu sein: Informatiker sprechen von »maschinellem Lernen«, wenn Computer induktives Lernen aus Daten erkennen lassen und darauf basierend Vorhersagen oder Entscheidungen treffen. Die frühen Maschinen wiesen meist bewegliche Teile auf, während sich in elektronischen Maschinen dagegen meist nur die Elektronen bewegen, die in Form von elektrischen Strömen kodierte Signale und Informationen übertragen. Keine Maschine arbeitet mit hundertprozentiger Effizienz und nutzt die gesamte zugeführte Energie, um sinnvolle Arbeit zu leisten. Ein Teil der Energie geht gemäß dem zweiten Hauptsatz der Thermodynamik unvermeidlicherweise als Wärme verloren. Die Thermodynamik trug als notwendige und folgerichtige theoretische Entwicklung des Mechanisierungszeitalters auch zum damals aufkommenden zunehmenden Verständnis des Lebens und des menschlichen Körpers über Analogien mit dem Funktionieren von Maschinen bei.

VERWANDTE THEMEN
KRAFT & BESCHLEUNIGUNG
Seite 78

WÄRMEKRAFTMASCHINEN
Seite 140

DER ZWEITE HAUPTSATZ DER THERMODYNAMIK
Seite 150

3-SEKUNDEN-BIOGRAFIEN
ARCHIMEDES
um 287–212 v. Chr.
Griechischer Ingenieur, der eine ganze Reihe von Maschinen beschrieb

JULIEN OFFRAY DE LA METTRIE
1709–1751
Französischer Physiker, der Menschen als Maschinen betrachtete

NORBERT WIENER
1894–1964
Amerikanischer Mathematiker und Begründer der Kybernetik

30-SEKUNDEN-TEXT
Philip Ball

Von Wasserrädern bis hin zu den modernsten Computerprozessoren verwandeln Maschinen Energie in Arbeit.

THERMODYNAMIK

THERMODYNAMIK
GLOSSAR

Absoluter Nullpunkt Temperatur ist ein kombiniertes Maß für die Energie von Atomen oder Molekülen in einer Substanz und die potenzielle Energie von Elektronen in Atomen, die durch Energieaufnahme auf ein höheres Energieniveau befördert werden können. Der absolute Nullpunkt ist die Temperatur, bei der die Atome keine kinetische Energie mehr aufweisen und auf dem niedrigsten Energieniveau sind, die Elektronen also auf den niedrigsten Bahnen. Diese Temperatur beträgt –273,15 °C.

Dritter Hauptsatz der Thermodynamik Es ist nicht möglich, ein System bis zum absoluten Nullpunkt abzukühlen. Der absolute Nullpunkt ist somit unerreichbar.

Erster Hauptsatz der Thermodynamik Die Energie eines abgeschlossenen Systems ohne Wechselwirkung mit dem es umgebenden Universum ist stets konstant. Sie kann von einer Form in eine andere umgewandelt werden, doch ihre Gesamtmenge im System bleibt immer gleich. Ist das System dagegen nicht geschlossen, so ändert sich die Energie entsprechend der Arbeit am oder durch das System, und um die zu- oder ausströmende Wärme zu kompensieren.

Kinetische Energie Die Energie, die ein Objekt aufgrund seiner Bewegung enthält und die deshalb auch als Bewegungsenergie bezeichnet wird. Die Energie eines sich bewegenden Objekts beträgt die Hälfte seiner Masse multipliziert mit dem Quadrat seiner Geschwindigkeit. Eine Verdopplung der Geschwindigkeit vervierfacht somit die Bewegungsenergie.

Niedrige Energieniveaus Die Energie eines Atoms stammt aus seiner Bewegung (kinetische Energie) und aus der Lage der Elektronen innerhalb des Atoms (potenzielle Energie). Wird Energie absorbiert, meist in Form von Photonen, kann ein Elektron in eine höhere Umlaufbahn wechseln, und das Atom erhält zusätzliche potenzielle Energie. Befindet sich ein Atom auf einem niedrigen Energieniveau, so kreisen alle Elektronen auf ihren niedrigstmöglichen Umlaufbahnen, und das Atom bewegt sich kaum.

Nullter Hauptsatz der Thermodynamik Wenn zwei Objekte in Kontakt stehen, sodass Wärme fließen kann, und sich im Gleichgewicht befinden (gleiche Temperatur), so fließt netto keine Wärme zwischen ihnen.

Potenzielle Energie Die Energie, die durch eine aktuelle Systemkonfiguration entsteht : Ein Beispiel ist die Gravitationsenergie, die zur Verfügung steht, sobald ein Objekt in die Höhe gehoben wird, oder die Energie, die in chemischen Bindungen gespeichert ist.

Quanten Der Begriff »Quant« bezeichnete ursprünglich ein Lichtpaket beziehungsweise ein Lichtteilchen und wurde erstmals verwendet, als man feststellte, dass sich Licht manchmal wie eine Ansammlung diskreter Objekte verhält. Später wurde der Begriff auf alle Objekte ausgedehnt, die klein genug sind, um der Quantenphysik zu unterliegen.

Thermodynamik Die Thermodynamik ist ein Produkt des Dampfzeitalters, denn sie wurde ausgearbeitet, um die Funktionsweise von Dampfmaschinen zu verstehen. Es geht in erster Linie um die Erhaltung und den Fluss von Energie von Ort zu Ort in Form von Wärme.

Vakuumfluktuation Andere Bezeichnungen sind Quantenfluktuation und Nullpunktsfluktuation. Eines der Schlüsselprinzipien der Quantenmechanik ist die Heisenberg'sche Unschärferelation, nach der für ein Quantenteilchen oder -system bei Eigenschaftspaaren wie Position und Impuls nicht beide Werte zugleich genau bekannt sein können. Je genauer wir das eine kennen, umso weniger genau können wir das andere messen. Eine weiteres dieser Paare besteht aus Energie und Zeit. Wird ein Quantensystem über sehr kurze Zeit betrachtet, und ist deshalb der Faktor Zeit sehr genau bekannt, kann sein Energieniveau währenddessen stark variieren. Somit kann kein Atom oder Objekt existieren, in dem sämtliche Atome sich im Stillstand und auf dem niedrigstmöglichen Energieniveau befinden, denn über extrem kurze Zeiträume hinweg variiert die Energie stark: Dies bezeichnet man als Quantenschwankungen.

Zweiter Hauptsatz der Thermodynamik In einem geschlossenen System (eines, das nicht mit der Umgebung interagiert) bewegt sich die Wärme von einem wärmeren zu einem kälteren Ort. Das zweite Gesetz lässt sich auch unter dem Aspekt der Entropie (Grad der Unordnung in einem System) betrachten. In einem geschlossenen System bleibt die Entropie gleich oder nimmt zu. Sie kann auch nach dem Zufallsprinzip abnehmen, denn so will es die Statistik, aber je größer die Abnahme, desto unwahrscheinlicher tritt sie ein. Wird einem System Energie zugeführt, so kann die Entropie abnehmen.

WÄRME
30 Sekunden Theorie

3-SEKUNDEN-BLITZ
Wärme ist ein Energie-
transfer zwischen zwei Körpern. Sie entsteht durch die
Bewegungen der Teilchen,
aus denen sie bestehen.

3-MINUTEN-GLÜHEN
Der Versuch, ein lang-
jähriges Problem der
klassischen Physik zu lösen
und die Wärmestrahlung
von Körpern zu begreifen,
begründete im aus-
gehenden 19. Jahrhundert
die Quantenmechanik.
Das Strahlungsspektrum
ließ sich nur unter der
Annahme verstehen, dass
die Schwingungen der
Atome des warmen Körpers
gequantelt vorliegen und
somit einige Frequenzen
annehmen, andere aber
nicht. Diese Quantelung
der Schwingungen wurde
später auf alle Arten von
Energie verallgemeinert.

Wenn wir vom Wärmeinhalt (der
Enthalpie) eines Objekts sprechen, sieht es so
aus, als würden wir uns die Wärme als eine Art
Flüssigkeit vorstellen – so tat man es auch. Genau
genommen ist Wärme aber Energie in Bewegung,
die von einem Körper (dem heißeren) auf den
anderen (den kühleren) wandert. Ein Objekt fühlt
sich deshalb warm oder heiß an, weil es Energie in
Form von Wärme auf unsere Fingerspitzen überträgt. Diese Wärmeenergie verbirgt sich in den
Bewegungen der Atome und Moleküle, aus denen
sich eine Substanz zusammensetzt: Je heißer sie
ist, desto stärker schwingen, purzeln und sausen
die Atome von Ort zu Ort. Wärmeenergie kann von
einem Körper auf den anderen übertragen werden:
entweder durch den direkten Kontakt und die Kollision der Atome dieser Körper, zum Beispiel wenn
die Wärmeenergie durch einen Metallstab geleitet
wird, oder durch die Freisetzung elektromagnetischer Strahlung in den Weltraum. So erwärmt
die elektromagnetische Strahlung der Sonne
(als Licht innerhalb sowie als andere Strahlung
außerhalb des sichtbaren Spektrums) die Erde.
Die Wärmeübertragung zwischen zwei Körpern
führt normalerweise zu einer Änderung ihrer Temperatur. Wärme kann aber auch ohne Temperatur-
änderung übertragen werden. Ein Beispiel hierfür
ist der Übergang von Eis zu Wasser mit gleicher
Temperatur am Schmelzpunkt (Gefrierpunkt). Dies
bezeichnet man als latente Wärme.

VERWANDTE THEMEN
KINETISCHE ENERGIE
Seite 122

TEMPERATUR
Seite 142

DER ZWEITE HAUPTSATZ DER
THERMODYNAMIK
Seite 150

3-SEKUNDEN-BIOGRAFIEN
JOHN TYNDALL
1820–1893
Irischer Physiker, der dazu beitrug,
Wärme als Bewegung von Atomen
zu erklären

HERMANN VON HELMHOLTZ
1821–1894
Deutscher Universalgelehrter, der
den Wärmefluss als mikroskopische mechanische Bewegungen
deutete

30-SEKUNDEN-TEXT
Philip Ball

*Elektromagnetische
Strahlung überträgt die
Wärmeenergie der Sonne
durch den Weltraum zur
Erde.*

WÄRMEKRAFT-MASCHINEN

30 Sekunden Theorie

3-SEKUNDEN-BLITZ
Eine Wärmekraftmaschine
wandelt Wärme in Arbeit
um und nutzt so den Wär-
mefluss von etwas War-
mem zu etwas Kälterem.

3-MINUTEN-GLÜHEN
Wärmekraftmaschinen
funktionieren auch in
umgekehrter Richtung: Mit
Strom oder einer anderen
Energiequelle kann Wärme
erzeugt oder in eine Richtung bewegt werden, in die
sie von selbst nicht fließen
würde, sodass durch die
geleistete Arbeit ein Tem-
peraturunterschied ent-
steht. Nach diesem Prinzip
funktioniert der Kühl-
schrank: Er gehört somit zu
den Wärmepumpen.

Wärmekraftmaschinen brachten
die industrielle Revolution in Schwung. Schon
lange zuvor hatten Windmühlen und Wasserräder
mechanische Energie erzeugt, doch nun konnte
dank der Erfindung der Dampfmaschine auch die
Wärme aus der Kraftstoffverbrennung mithilfe
eines dampfbetriebenen Kolbens in eine mechanische Bewegung umgewandelt werden. Diese
Wärmekraftmaschinen nutzen einen Teil der als
Wärme freigesetzten Energie, die von heiß nach
kalt fließt. So wie ein Wasserrad die potenzielle
Energie des fallenden Wassers in kinetische in
Form von Drehung umwandelt, so kann die Wär-
mebewegung in einer Wärmekraftmaschine Ge-
wichte heben, Turbinen drehen oder ein Fahrzeug
vorwärtsbewegen. Für Verkehrszwecke wurde
die Dampfmaschine weitgehend durch den Verbrennungsmotor ersetzt. Beide beruhen auf der
Tatsache, dass sich Gas ausdehnt, wenn es heißer
wird. Die Bewegung des heißen Gases treibt auch
die Dampfturbine an: Der Dampf versetzt die Tur-
binenschaufeln in Drehung, und diese Bewegung
kann zur Stromerzeugung genutzt werden. Andere
Wärmekraftmaschinen wie thermoelektrische
Generatoren können Wärme ohne mechanische
Zwischenstufen direkt in Strom umwandeln. Das
prägende Merkmal von Wärmekraftmaschinen sind
die thermodynamischen Zyklen, das Bindeglied
zwischen der Wärmeübertragung und der geleis-
teten Arbeit bei unterschiedlichen Temperaturen
und Drücken.

VERWANDTE THEMEN
ARBEIT & ENERGIE
Seite 118

MASCHINEN
Seite 132

WÄRME
Seite 138

3-SEKUNDEN-BIOGRAFIEN
THOMAS NEWCOMEN
1664–1729
Englischer Erfinder der ersten
echten Dampfmaschine

ROBERT STIRLING
1790–1878
Schottischer Erfinder und Ent-
wickler einer Wärmekraftmaschine, die die Luftkomprimierung und
-ausdehnung nutzt

NICOLAS LÉONARD SADI CARNOT
1796–1832
Französischer Ingenieur, der die
Thermodynamik als Fachbereich
begründete

30-SEKUNDEN-TEXT
Philip Ball

*Dampfmaschine, Dampf-
turbine, Verbrennungs-
motor: alle angetrieben
durch die Ausdehnung
von erhitztem Gas.*

TEMPERATUR

30 Sekunden Theorie

Die Temperatur ist ein alltäglicher

Begriff, aber vielleicht komplizierter, als es uns zunächst erscheint. Allgemein gesagt ist sie ein Maß für die Wärmemenge in einer Substanz. Aber einige Stoffe absorbieren Wärme leichter als andere, sodass es einer größeren Wärmezufuhr bedarf, um ihre Temperatur zu erhöhen. Somit beschreibt die Temperatur, in welchem Maß eine bestimmte Wärmezufuhr die verfügbaren Teilchen-Konfigurationen einer Substanz mehrt. Diese Größe hängt mit der sogenannten Entropie des Materials zusammen. Das klingt zwar kompliziert, aber die Temperatur ist nicht schwer zu begreifen, weil sie sich zumeist recht einfach messen lässt und außerdem mit unserem taktilen Gefühl von Hitze und Kälte übereinstimmt: Heiße Dinge haben eine hohe Temperatur. Die Temperatur ist auch ein klares Kriterium dafür, in welcher Richtung Wärme zwischen den Objekten fließt: von heiß nach kalt. Die Temperatur wird überwiegend in Grad Celsius, in einigen angelsächsischen Ländern auch in Grad Fahrenheit gemessen, doch die Physiker bevorzugen Kelvin, deren Skala bei der niedrigstmöglichen Temperatur, dem absoluten Nullpunkt (–273,15 °C), beginnt. Der Wärmegehalt einer Substanz wäre an diesem Punkt gleich null. Das kann in der Realität unmöglich erreicht werden, aber Wissenschaftler haben Materie schon auf weniger als ein Nanokelvin (Milliardstel Kelvin) abgekühlt.

3-SEKUNDEN-BLITZ
Die Temperatur ist ein Maß für die Hitze, genauer gesagt dafür, wie schnell sich durch die Wärmezufuhr die Entropie eines Objekts verändert.

3-MINUTEN-GLÜHEN
Selbst auf der Kelvinskala existieren negative Temperaturen. Die entsprechenden Objekte sind jedoch nicht kälter als der absolute Nullpunkt. Sie können so heiß sein, dass ihre Entropie beinahe »gesättigt« ist. In diesem Fall verringert die Zufuhr von zusätzlicher Wärmeenergie die Entropie, statt sie zu erhöhen. Einige Systeme mit negativer Temperatur befinden sich in einem thermischen Ungleichgewicht, sodass es mehr energiereiche als niederenergetische Zustände gibt: Ein Beispiel hierfür sind Laser.

VERWANDTE THEMEN
KINETISCHE ENERGIE
Seite 122

WÄRME
Seite 138

DER NULLTE HAUPTSATZ DER THERMODYNAMIK
Seite 146

3-SEKUNDEN-BIOGRAFIEN
ANDERS CELSIUS
1701–1744
Schwedischer Astronom, dessen Temperaturskala auf dem Gefrier- und Siedepunkt des Wassers basiert

WILLIAM THOMSON
1824–1907
Nordirischer Physiker, der als Erster den Wert des absoluten Nullpunktes bestimmte

HEIKE KAMERLINGH ONNES
1853–1926
Niederländischer Physiker, der für Forschungen zur Tieftemperaturphysik den Nobelpreis erhielt

30-SEKUNDEN-TEXT
Philip Ball

Der Nullpunkt der in der Physik üblichen Skala kann nicht erreicht oder unterschritten werden.

K	°C	F	°C
373,15	100	212	100
363,15	90	194	90
353,15	80	176	80
343,15	70	158	70
333,15	60	140	60
			30
303,15			30
293,15			20
263,15			−10
253,15			−20
243,15			−30
233,15			−40
223,15			−50
213,15	−60	−76	−60
203,15	−70	−94	−70
193,15	−80	−112	−80
183,15	−90	−130	−90
0	−273	−459	−273

ABSOLUTER NULLPUNKT

13. Juni 1831
Geburt in Edinburgh, erste Jahre auf dem Familienanwesen in Galloway

1839
Tod der Mutter, die ihn zu Hause unterrichtete, durch Krebs

1841
Umzug nach Edinburgh zu seiner Tante, Besuch der Edinburgh Academy

1846
Publikation des ersten wissenschaftlichen Aufsatzes im Alter von fünfzehn Jahren

1847
Studium an der Universität Edinburgh

1850
Fortsetzung des Studiums in Cambridge, zuerst am Peterhouse College, nach einem Semester Wechsel ans Trinity College

1854
Studienabschluss mit zweitbester Mathematikprüfung und Mitempfänger des *Smith Prize*

1855
Dozent am Trinity College

1856
Tod des Vaters. Professor für Naturphilosophie am Marischal College in Aberdeen

1858
Heirat mit Katherine Dewar, der Tochter des Rektors

1860
Aufgrund der Fusion des Marischal und des King's College zur Universität Aberdeen entlassen

1860
Professor für Naturphilosophie am King's College in London

1861
Erste Farbfotografie der Welt von einem Tartan

1865
Rücktritt von seiner Stellung am King's College und Rückkehr auf den Familiensitz in Galloway

1871
Professor für Experimentalphysik an der Universität Cambridge und erster Direktor der *Cavendish Laboratories*

1873
A Treatise on Electricity and Magnetism (deutsch 1883: *Lehrbuch der Electrizität und des Magnetismus*)

5. November 1879
Tod in Cambridge, begraben in der Kirche auf dem Familiengut

JAMES CLERK MAXWELL

Am besten bekannt ist James

Clerk Maxwell wohl für die Erarbeitung der mathematischen Grundlagen zur Beschreibung des Elektromagnetismus, bekannt als Maxwell-Gleichungen. Seine Forschungen wiesen jedoch eine große Bandbreite auf. So leistete er wichtige Beiträge zur Farbtheorie, ohne die Fernseher, Computer und Handys keine Farbbildschirme hätten. Außerdem bestimmte er die Geschwindigkeitsverteilung von Molekülen in Gasen (heute Maxwell-Boltzmann-Verteilung genannt) und zeigte mit den Mitteln der Mathematik auf, dass die Saturnringe nicht fest sein können. Er veröffentlichte die erste Farbfotografie und führte in einem Werk zur Wärmetheorie den Maxwell'schen Dämon ein, der zur Entstehung der Informationstheorie beitrug.

Maxwells Eltern entstammten dem Landadel und besaßen ein Anwesen in Galloway. Seine Mutter brachte ihn in Edinburgh zur Welt, von wo Eltern und Neugeborenes kurz darauf auf ihr Anwesen zurückkehrten. Dort verbrachte Maxwell eine idyllische Kindheit, spielte mit den Kindern und wurde von seiner Mutter privat unterrichtet. Als James Maxwell erst neun Jahre alt war, starb seine Mutter an Krebs, und so zog er schon bald zu seiner Tante nach Edinburgh, wo er die angesehene Edinburgh Academy besuchte. Als akademisch begabter junger Mann veröffentlichte er seine erste wissenschaftliche Arbeit zu elliptischen Kurven gerade mal mit fünfzehn. Im Jahr darauf nahm er ein Studium an der Universität Edinburgh auf – er hatte zuerst die Absicht, wie sein Vater Rechtsanwalt zu werden.

Mit neunzehn Jahren wechselte Maxwell nach Cambridge, wo er sein Studium vier Jahre später als Zweiter in der strengen Mathematik-Tripos-Prüfung abschloss, während er er das Rennen um den *Smith Prize* gleichauf mit einem Mitbewerber gewann. Mit nur 24 Jahren wurde er zum Professor für Naturphilosophie am Marischal College in Aberdeen berufen. Aus dieser Stellung wurde er nach nur vier Jahren aufgrund der Fusion des Marischal und des King's College zur Universität Aberdeen entlassen. Er fand jedoch schnell eine neue Stelle als Professor für Naturphilosophie am King's College, London. Nach fünf Jahren trat er 1865 von diesem Posten zurück, weil er das Gefühl hatte, dass Verwaltungs- und Lehrtätigkeiten zu viel Zeit beanspruchten und ihn von seiner Forschung abhielten. Als wohlhabender Landadliger kehrte er auf seinen Familiensitz in Galloway zurück und führte dort in seiner Freizeit seine Experimente durch. Sechs Jahre später ließ er sich wieder ins Universitätsleben zurückrufen und nahm die erstmals vergebene Professur für Experimentalphysik an der Universität Cambridge an. Außerdem wurde er mit der Gründung des heute als *Cavendish Laboratories* bekannten Labors betraut. Er starb 1879 in Cambridge.

Rhodri Evans

DER NULLTE HAUPTSATZ DER THERMODYNAMIK

30 Sekunden Theorie

Was tun, wenn bereits ein erster und ein zweiter Hauptsatz der Thermodynamik formuliert sind, und man etwas entdeckt, das man als grundlegender betrachtet? Da der Beginn der Zählung bei eins im Grunde genommen willkürlich ist, entschieden sich die Physiker dafür, dieses neue grundlegende Gesetz als nullten Hauptsatz der Thermodynamik zu bezeichnen. Er gleicht insofern einem Axiom der Mathematik, als er die anderen Gesetze begründet, indem er eine Definition des Gleichgewichts liefert. Der nullte Hauptsatz der Thermodynamik lautet: Zwei Objekte befinden sich im thermischen Gleichgewicht, wenn keine Wärme von einem zum anderen fließt, obwohl dies möglich wäre. Wenn sich zwei Objekte mit derselben Temperatur berühren, beeinflusst keiner der beiden die Temperatur des anderen. Das heißt aber nicht, dass kein Energietransfer stattfindet, sondern es fließt ständig Energie zwischen den beiden Objekten hin und her, denn Kollisionen zwischen Atomen oder Molekülen übertragen sie von einem Körper zum anderen. Nach dem nullten Hauptsatz ist dabei aber der Netto-Energiefluss zwischen den beiden Körpern gleich null. Daraus folgt des Weiteren: Wenn A sich im Gleichgewicht mit B befindet und B seinerseits mit C, dann müssen auch A und C sich im thermischen Gleichgewicht befinden. So lautet die übliche Formulierung des nullten Hauptsatzes der Thermodynamik.

VERWANDTE THEMEN
KINETISCHE ENERGIE
Seite 122

WÄRME
Seite 138

TEMPERATUR
Seite 142

DER ERSTE HAUPTSATZ DER THERMODYNAMIK
Seite 148

3-SEKUNDEN-BIOGRAFIEN
JAMES CLERK MAXWELL
1831–1879
Schottischer Physiker, der vermutlich eine Variante des nullten Hauptsatzes formulierte

CONSTANTIN CARATHÉODORY
1873–1950
Griechischer Mathematiker, der in Deutschland studierte und wirkte

RALPH H. FOWLER
1889–1944
Englischer Physiker, der den Begriff »nullter Hauptsatz« geprägt haben soll

30-SEKUNDEN-TEXT
Brian Clegg

Das dreiseitige thermische Gleichgewicht: A mit B, B mit C und C mit A.

3-SEKUNDEN-BLITZ
Nach dem nullten Hauptsatz befinden sich zwei Körper im Gleichgewicht, wenn trotz Kontakt netto keine Energie von einem zum anderen fließt.

3-MINUTEN-GLÜHEN
Der nullte Hauptsatz ist die Grundlage für die Funktion des Thermometers. Um damit die Temperatur einer Substanz messen zu können, muss ein thermisches Gleichgewicht zwischen dem Thermometer und dieser Substanz hergestellt werden. Deshalb müssen wir bei herkömmlichen Thermometern eine Weile warten, bis der richtige Wert – das Gleichgewicht – erreicht ist. Sobald keine Nettowärme mehr zwischen dem Thermometer und der Substanz fließt, zeigt es die richtige Temperatur an, sofern es korrekt kalibriert ist.

DER ERSTE HAUPTSATZ DER THERMODYNAMIK

30 Sekunden Theorie

Energie wird ständig von Form zu

Form umgewandelt: in der Sonne beispielsweise Kernenergie in Wärme und Licht, in unserem Körper chemische Energie in Bewegung (kinetische Energie), Wärme, neue chemische Verbindungen und elektrische Nervenimpulse. Dabei wird über sämtliche Energieumwandlungen streng Buch geführt. Der erste Hauptsatz der Thermodynamik will es so: Energie bleibt stets erhalten. Sie kann von einer Form in eine andere umgewandelt werden, aber in einem vollständig von seiner Umgebung isolierten System kommt nie welche hinzu oder geht verloren. Somit steht auch die gesamte Energiemenge im Universum fest. Der erste Hauptsatz der Thermodynamik ermöglichte Physikern, den Energiefluss in Motoren und Maschinen zu verstehen. So stellte Rudolf Clausius um die Mitte des 19. Jahrhunderts erstmals fest, dass man eine Wärmekraftmaschine, beispielsweise eine Dampfmaschine oder einen Verbrennungsmotor mit Wärme versorgen muss, um sie zum Anheben eines Gewichts, zum Pumpen von Wasser oder für andere Arbeiten zu verwenden. Je mehr Arbeit verrichtet werden soll, desto mehr Wärme ist erforderlich: Die Brennstoffzufuhr darf nicht abreißen. Der erste Hauptsatz liefert die Grundlage für alle thermodynamischen Theorien. Zuerst aus rein empirischen Gründen vorgeschlagen, weil sämtliche Versuche belegten, dass die Energie unter Berücksichtigung all ihrer Formen erhalten bleibt, gilt er heute als unverletzlich.

3-SEKUNDEN-BLITZ
Nach dem ersten Hauptsatz bleibt Energie in abgeschlossenen Systemen stets erhalten. Sie kann umgewandelt, aber nicht erzeugt oder zerstört werden.

3-MINUTEN-GLÜHEN
Das erste Gesetz schließt die Möglichkeit eines *Perpetuum Mobile* aus, da dieses angeblich in der Lage sein soll, ohne ständige Energiezufuhr weiter Arbeit zu leisten – etwas umsonst zu tun. Dies hat die Menschen natürlich nicht davon abgehalten, Maschinen zu erfinden, die angeblich genau das leisten. Patentämter in den USA und anderswo haben allerdings das Recht, ihre Patentierung zu verweigern.

VERWANDTE THEMEN
WÄRME
Seite 138

WÄRMEKRAFTMASCHINEN
Seite 140

DER ZWEITE HAUPTSATZ DER THERMODYNAMIK
Seite 150

3-SEKUNDEN-BIOGRAFIEN
WILLIAM RANKINE
1820–1872
Schottischer Ingenieur, der wie Rudolf Clausius die Energieerhaltung postulierte

RUDOLF CLAUSIUS
1822–1888
Deutscher Physiker, der eine Version des ersten Hauptsatzes formulierte

MAX BORN
1882–1970
Deutscher Physiker, der den ersten Hauptsatz in eine mathematische Formulierung fasste

30-SEKUNDEN-TEXT
Philip Ball

Clausius erfasste, dass Wärmekraftmaschinen nur mit Verbrennungswärme funktionieren.

DER ZWEITE HAUPTSATZ DER THERMODYNAMIK

30 Sekunden Theorie

3-SEKUNDEN-BLITZ
Nach dem zweiten Hauptsatz nimmt die Gesamtentropie in isolierten Systemen während eines Veränderungsprozesses stetig zu, denn das ist am wahrscheinlichsten.

3-MINUTEN-GLÜHEN
Einige Forscher glauben, der zweite Hauptsatz definiere den Zeitpfeil, der nur die Vorwärtsrichtung kennt. Die Grundgesetze der Bewegung funktionieren in beide Zeitrichtungen: Einen Film, in dem zwei Billardkugeln aufeinandertreffen, kann man auch rückwärts ansehen. Die Entropie nimmt dagegen nur in eine Richtung zu: Tintentropfen lösen sich nicht wieder aus dem Wasser, und zerbrochene Vasen werden nicht wieder ganz. Fundamentale Gründe für den Zeitpfeil und die Wahrnehmung der Zeit als Vorwärtsbewegung sind aber noch nicht gefunden.

Der zweite ist der interessanteste Hauptsatz der Thermodynamik, denn er erklärt uns das Wie: Die Gesamtentropie des Universums nimmt durch sämtliche natürlichen Prozesse zu. Genau genommen gilt das für Veränderungen in jedem isolierten System, das keine Wärme mit der Umwelt austauschen kann, wie es von unserem Universum angenommen wird. Die Entropie ist ein Maß für die Unordnung in einem System. Je mehr Möglichkeiten bestehen, die Komponenten des Systems anzuordnen, je weniger Ordnung im System herrscht, desto größer ist die Entropie. Der zweite Hauptsatz ergibt sich aus der Wahrscheinlichkeit: Zustände mit hoher Entropie sind häufiger und entstehen daher eher bei Veränderungen als Zustände mit niederer Entropie. Dies gilt desto weniger, je kleiner das System ist, weil die Zahl der Optionen abnimmt. Somit sagt der zweite Hauptsatz für kleine Systeme mit geringerer Verbindlichkeit voraus, was passieren wird. Einige Wissenschaftler halten es für angebrachter, diesen Hauptsatz im Zusammenhang mit der Energieverteilung oder -vernichtung zu sehen: Energie neigt stets zur Ausbreitung, sodass zum Beispiel Wärme immer von heiß nach kalt fließt. Auch Veränderung, die zu mehr Ordnung und Organisation führt – Beispiele sind das Größerwerden einer Schneeflocke oder das Wachstum eines lebenden Organismus –, verletzt den zweiten Hauptsatz nicht, denn dabei wird auch Wärme erzeugt, die in der Umgebung zu Kompensationsstörungen führt.

VERWANDTE THEMEN
DER ERSTE HAUPTSATZ DER THERMODYNAMIK
Seite 148

DER DRITTE HAUPTSATZ DER THERMODYNAMIK
Seite 152

3-SEKUNDEN-BIOGRAFIEN
RUDOLF CLAUSIUS
1822–1888
Deutscher Physiker, der das Konzept der Entropie einführte

LUDWIG BOLTZMANN
1844–1906
Österreichischer Physiker, der den zweiten Hauptsatz mit der Wahrscheinlichkeit in Zusammenhang brachte

ROLF LANDAUER
1927–1999
Aus Deutschland stammender amerikanischer Physiker, der den zweiten Hauptsatz mit der Informationstheorie verknüpfte

30-SEKUNDEN-TEXT
Philip Ball

Wenn ein Apfel verrottet und auseinanderfällt, nimmt seine Entropie zu – er wird ungeordneter.

DER DRITTE HAUPTSATZ DER THERMODYNAMIK

30 Sekunden Theorie

3-SEKUNDEN-BLITZ
Nach dem dritten Hauptsatz ist die Entropie am absoluten Nullpunkt gleich null. Das kann man nicht in einer endlichen Anzahl von Schritten erreichen.

3-MINUTEN-GLÜHEN
Obwohl man den absoluten Nullpunkt nicht erreichen kann, existiert theoretisch etwas jenseits davon. Die Temperatur ist ein statistisches Maß für die Verteilung der kinetischen Energie von Teilchen. Mit zunehmender Verteilung steigt sie. Ist jedoch die Energie der meisten Teilchen ähnlich und sehr hoch, findet ein Wechsel zu einer negativen absoluten Temperatur statt. Diese Teilchen nähern sich dem absoluten Nullpunkt von unten, wenn die Energie zu- und die Entropie wieder abnimmt. Einige Physiker sind der Meinung, es liege keine wirklich negative Temperatur vor, aber die meisten akzeptieren sie.

Während die früher formulierten Hauptsätze der Thermodynamik als Kinder des Dampfzeitalters gelten dürfen, gehört der dritte Hauptsatz eindeutig ins Quantenzeitalter. Auch als Nernst-Theorem oder Nernst'scher Wärmesatz bezeichnet, besagt der dritte Hauptsatz, dass nichts in endlich vielen Schritten auf den absoluten Nullpunkt (–273,15 °C, null Kelvin) abgekühlt werden kann. Da die Temperatur ein Maß für die Energie der Atome oder Moleküle in einer Substanz ist, hätten diese theoretisch am absoluten Nullpunkt den niedrigsten Stand erreicht, sowohl in Bezug auf die kinetische Energie als auch, was die Energieniveaus der Elektronen im Atom betrifft. In der Praxis verhindert die Quantennatur des Atoms, die mit einer natürlichen Schwankung des Energieniveaus verbunden ist, ein Erreichen des absoluten Nullpunkts. Der dritte Hauptsatz lässt sich auch unter dem Gesichtspunkt der Entropie betrachten: Während sich die Temperatur dem absoluten Nullpunkt nähert, nimmt die Entropie des Objekts immer mehr ab. Da sich die Atome immer weniger bewegen und deshalb immer weniger Energiezustände einnehmen können, verringert sich auch die Anzahl der Zustände, in denen sich der ganze Körper befinden kann – seine Entropie. Auch ohne Kenntnis der Quantenschwankungen macht es die schrittweise Reduzierung der Anzahl möglicher Zustände mathematisch unmöglich, den letzten Schritt zum absoluten Nullpunkt zu vollziehen.

VERWANDTE THEMEN
ATOME
Seite 16

DAS HEISENBERG'SCHE UNSCHÄRFEPRINZIP
Seite 64

TEMPERATUR
Seite 142

DER ZWEITE HAUPTSATZ DER THERMODYNAMIK
Seite 150

3-SEKUNDEN-BIOGRAFIEN
WALTHER NERNST
1864–1941
Deutscher Physiker, der das dritte Gesetz der Thermodynamik ausarbeitete

WOLFGANG KETTERLE
geb. 1957
Deutscher Physiker, der die Existenz scheinbar negativer absoluter Temperaturen in einem Magnetsystem demonstrierte

30-SEKUNDEN-TEXT
Brian Clegg

Den Physikern ist eine Annäherung an den absoluten Nullpunkt bis auf ein Milliardstel Kelvin gelungen.

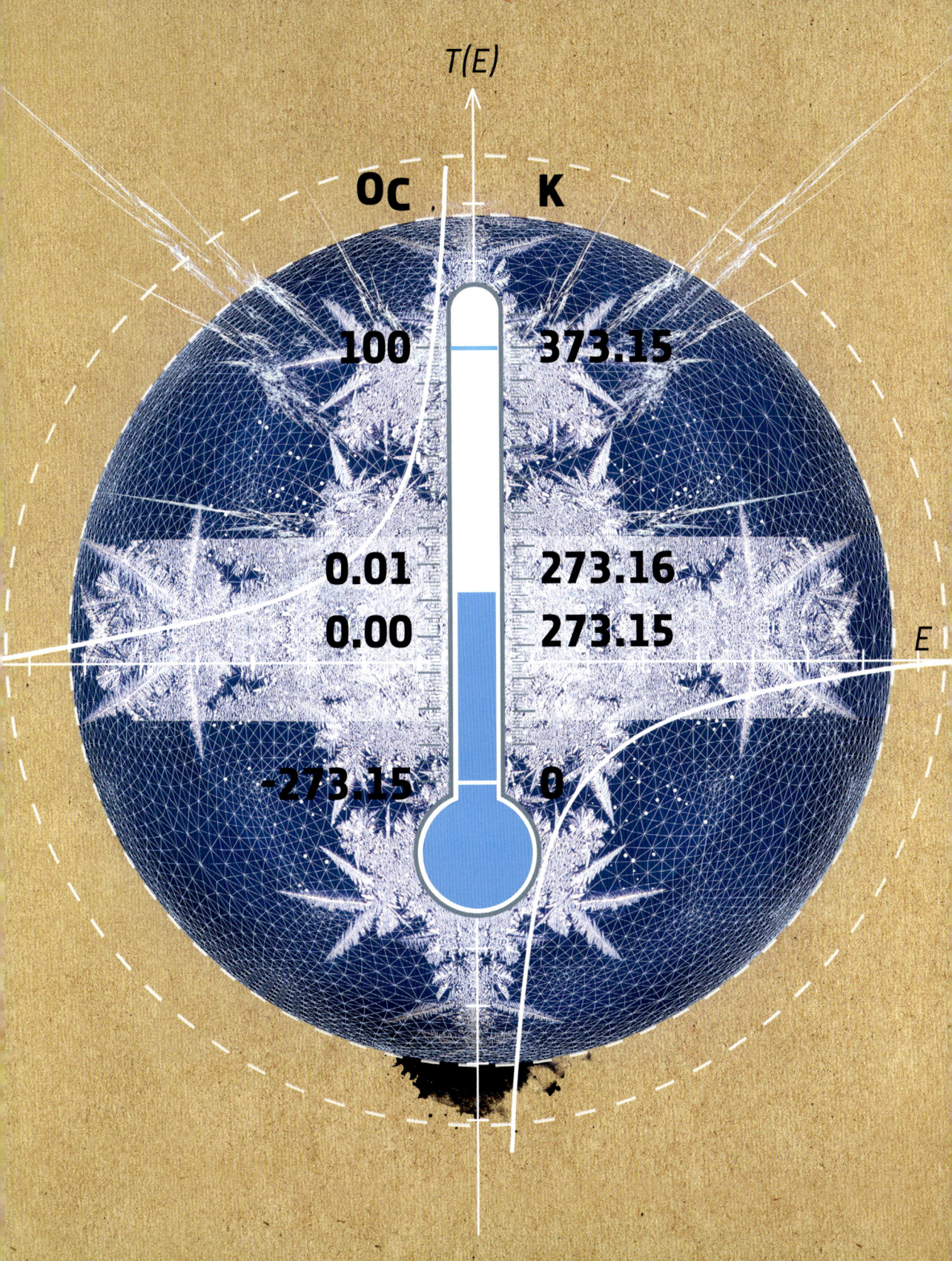

QUELLEN

Bücher

Antimaterie
Frank Close
(Spektrum, 2010)

Beam: The Race to Make the Laser
Jeff Hecht
(Oxford University Press, 2010)

Vor dem Urknall: Eine Reise hinter den Anfang der Zeit
Brian Clegg
(Rowohlt, 2013)

Schwarze Löcher, Wurmlöcher und Zeitmaschinen
Jim Al-Khalili
(Spektrum, 2001)

Eine kleine Geschichte der Unendlichkeit

Brian Clegg

(Rowohlt, 2003)

Eine kurze Geschichte der Zeit
Stephen Hawking
(Rowohlt, 2011)

Build Your Own Time Machine: The Real Science of Time Travel
Brian Clegg
(Gerald Duckworth & Co., 2013)

Repetitorium Theoretische Physik
Armin Wachter und Henning Hoeber
(Springer, 2009)

Dice World: Science and Life in a Random Universe
Brian Clegg
(Icon Books, 2013)

Erwin Schrödinger and the Quantum Revolution
John Gribbin
(Black Swan, 2013)

The Fifth Essence
Lawrence Krauss
(Vintage, 1990)

The Infinity Puzzle
Frank Close
(Oxford University Press, 2011)

Auf der Suche nach Schrödingers Katze: Quantenphysik und Wirklichkeit
John Gribbin
(Piper, 2010)

The God Effect: Quantum Entanglement, Science's Strangest Phenomenon
Brian Clegg
(Saint Martins Griffin, 2009)

Paradox: The Nine Greatest Enigmas in Physics
Jim Al-Khalili
(Black Swan, 2013)

Particle Physics: A Very Short Introduction
Frank Close
(Oxford University Press, 2004)

QED: Die seltsame Theorie des Lichts und der
Materie
Richard Feynman
(Piper, 2018)

The Road to Reality
Roger Penrose
(Vintage, 2005)

Warum ist E = mc²?: Einsteins berühmte Formel
verständlich erklärt
Brian Cox und Jeff Forshaw
(Franckh Kosmos Verlag, 2018)

Parallel Universes by Max Tegmark, Scientific
American, 2003
space.mit.edu/home/tegmark/PDF/multiverse_
sciam.pdf

Faster than the speed of light? We'll need to be
patient by Jim Al-Khalili
www.guardian.co.uk/commentisfree/2011/nov/23/
faster-speed-of-light-boxers

WEBSITES

Eric Weisstein's World of Physics
scienceworld.wolfram.com/physics/

Frequently Asked Questions in Physics
math.ucr.edu/home/baez/physics/

ZEITSCHRIFTEN/ARTIKEL

Do tachyons exist?
math.ucr.edu/home/baez/physics/ParticleAnd-
Nuclear/tachyons.html

Quantum Entanglement and Information,
Stanford Encyclopedia of Philosophy
plato.stanford.edu/entries/qt-entangle/

Testing the Multiverse, article on FQXI website
by Miriam Frankel
fqxi.org/community/articles/display/155

ZU DEN AUTOREN

HERAUSGEBER

Philip Ball ist freiberuflicher Autor und arbeitete über zwei Jahrzehnte lang als Redakteur für die Zeitschrift *Nature*. Nach einem Studium der Chemie in Oxford sowie der Physik in Bristol schreibt er regelmäßig Beiträge für wissenschaftliche Zeitschriften und für ein breites Publikum. Zu seinen Buchpublikationen gehören *H$_2$O: A Biography of Water*, *Bright Earth: Art and the Invention of Color*, *The Music Instinct: How Music Works and Why We Can't Do Without It*, *Curiosity: How Science Became Interested in Everything*. Für sein Buch *Critical Mass: How One Thing Leads to Another* wurde er mit dem *Aventis Prize for Science Books* 2005 ausgezeichnet. Weil er die Chemie so gut an eine breite Öffentlichkeit vermittelt hat, erhielt er den *Grady-Stack Award* der *American Chemical Society* und den ersten Lagrange-Preis für die Vermittlung komplexer Wissenschaften.

AUTOREN

Brian Clegg studierte Naturwissenschaften mit Schwerpunkt Experimentalphysik an der Universität Cambridge. Nach der Entwicklung von Hightech-Lösungen für British Airways und der Zusammenarbeit mit dem Kreativ-Guru Edward de Bono gründete er eine kreative Unternehmensberatung, die Kunden von der BBC bis zum Met Office berät. Er hat für *Nature*, die *Times* und das *Wall Street Journal* geschrieben und an den Universitäten Oxford und Cambridge sowie an der Royal Institution gelehrt. Er ist Herausgeber der Buchbesprechungswebsite *www.popularscience.co.uk.* und Autor zahlreicher populärwissenschaftlicher Bücher, darunter *Eine kleine Geschichte der Unendlichkeit* und *Vor dem Urknall: Eine Reise hinter den Anfang der Zeit*.

Leon Clifford ist Autor und Unternehmensberater, der sich insbesondere auf die Vereinfachung komplexer Sachverhalte versteht. Leon studierte Physik mit Spezialgebiet Astrophysik und ist Mitglied der *Association of British Science Writer*s. Als Journalist schrieb er viele Jahre lang zu naturwissenschaftlichen, technischen und Wirtschaftsthemen. Seine Beiträge erschienen unter anderem in *Electronics Weekly*, *Computer Weekly*, *New Scientist* und *The Daily Telegraph*. In der Physik interessieren Clifford insbesondere Klimawissenschaften, Astro- und Teilchenphysik. Er ist Geschäftsführer von *Green Ink*, einem Unternehmen, das sich der besseren öffentlichen Wahrnehmung naturwissenschaftlicher Forschung verschrieben hat.

Frank Close ist ein britischer Teilchenphysiker und emeritierter Professor für Physik an der Universität Oxford. Zuvor war er Leiter der Abteilung für theoretische Physik am *Rutherford Appleton Laboratory* und am CERN für Öffentlichkeitsarbeit zuständig. Er hat insbesondere zur Quark- und Gluonenstruktur von Kernteilchen geforscht und dazu über zweihundert Artikel in namhaften Fachzeitschriften veröffentlicht. Er ist Mitglied der *American Physical Society* und des britischen *Institute of Physics*, das ihn 1996 für seinen umfassenden Beitrag zum Verständnis der Physik in der Öffentlichkeit mit der Kelvin Medal auszeichnete. 2013 erhielt er den Michael-Faraday-Preis für die öffentliche Darstellung wissenschaftlicher Erkenntnisse in Großbritannien. Von seinen zahlreichen Büchern für ein breiteres Publikum sind einige, darunter *Antimaterie*, *Das Nichts verstehen: Die Suche nach dem Vakuum und die Entwicklung der Quantenphysik* und *Neutrino*, auch auf Deutsch verfügbar.

Rhodri Evans forscht auf dem Gebiet der extragalaktischen Astronomie. Seit über anderthalb Jahrzehnten beteiligt er sich an Projekten der Luftgestützten Astronomie und arbeitete maßgeblich an der Entwicklung der Ferninfrarotkamera für das Stratosphären-Observatorium für Infrarot-Astronomie (SOFIA) mit. Sein Interesse gilt weiter der Erforschung der Sternenbildung sowie der Kosmologie. Er schreibt regelmäßig Beiträge für Radio und Fernsehen und hält Vorträge. Evans betreut den Blog *www.thecuriousastronomer.wordpress.com*.

Andrew May ist technischer Berater und freischaffender Autor zu Themen wie Astronomie und Quantenphysik, Verteidigungsanalyse und militärische Technologien. Nach einem Studium der Naturwissenschaften an der Universität Cambridge in den Siebzigerjahren promovierte er an der Universität Manchester in Astrophysik. Seitdem hat er mehr als drei Jahrzehnte Erfahrung in der akademischen Welt, im wissenschaftlichen öffentlichen Dienst und in der Privatwirtschaft gesammelt.

INDEX

INDEX

DANK

BILDNACHWEIS
Der Verlag möchte den nachstehenden Personen und Organisationen für deren freundliche Genehmigung zur Verwendung der Abbildungen in diesem Buch danken. Bei der Zuschreibung der Bilder wurde mit größter Sorgfalt vorgegangen; für eventuelle unbeabsichtigte Auslassungen bitten wir um Entschuldigung.

Alamy: 72.
Library of Congress Prints and Photographs Division Washington, D.C.: 112, 132.
Shutterstock: 30, 52, 92, 152.